国家示范性高职院校工学结合系列教材

房间分隔方案设计与实现

（建筑装饰工程技术专业）

钟　山　主　编

秦　莉　副主编

安德高　主　审

中国建筑工业出版社

图书在版编目（CIP）数据

房间分隔方案设计与实现/钟山主编．—北京：中国建筑工业出版社，2010

国家示范性高职院校工学结合系列教材．建筑装饰工程技术专业

ISBN 978 - 7 - 112 - 11886 - 1

Ⅰ．房… Ⅱ．钟… Ⅲ．住宅 - 室内装修 - 高等学校：技术学校 - 教材 Ⅳ．TU767

中国版本图书馆 CIP 数据核字（2010）第 037208 号

责任编辑：朱首明 杨 虹
责任设计：赵明霞
责任校对：刘 钰 陈晶晶

国家示范性高职院校工学结合系列教材

房间分隔方案设计与实现

（建筑装饰工程技术专业）

钟 山 主 编
秦 莉 副主编
安德高 主 审

*

中国建筑工业出版社出版、发行（北京西郊百万庄）
各地新华书店、建筑书店经销
北京嘉泰利德公司制版
北京世界知识印刷厂印刷

*

开本：787×1092 毫米 1/16 印张：4 字数：105 千字
2010 年 8 月第一版 2011 年 4 月第二次印刷
定价：**11.00** 元
ISBN 978 - 7 - 112 - 11886 - 1
（19143）

序

　　2006 年以来，高职教育随着"国家示范性高职院校建设计划"的启动进入了一个新的历史发展时期。在示范性高职建设中教材建设是一个重要的环节，教材是体现教学内容和教学方法的知识载体，既是进行教学的具体工具，也是深化教育教学改革、全面推进素质教育、培养创新人才的重要保证。

　　四川建筑职业技术学院 2007 年被教育部、财政部列为国家示范性高等职业院校立项建设单位，经过两年的建设与发展，根据建筑技术领域和职业岗位（群）的任职要求，参照建筑行业职业资格标准，重构基于施工（工作）过程的课程体系和教学内容，推行"行动导向"教学模式，实现课程体系、教学内容和教学方法的革命性变革，实现课程体系与教学内容改革和人才培养模式的高度匹配。组编了建筑工程技术、工程造价、道路与桥梁工程、建筑装饰工程技术、建筑设备工程技术五个国家示范院校立项建设重点专业系列教材。该系列教材有以下几个特点：

　　——专业教学中有机融入《四川省建筑工程施工工艺标准》，实现教学内容与行业核心技术标准的同步。

　　——完善"双证书"制度，实现教学内容与职业标准的一致性。

　　——吸纳企业专家参与教材编写，将企业培训理念、企业文化、职业情境和"四新"知识直接融入教材，实现教材内容与生产实际的"无缝对接"，形成校企合作、工学结合的教材开发模式。

　　——按照国家精品课程的标准，采用校企合作、工学结合的课程建设模式，建成一批工学结合紧密，教学内容、教学模式、教学手段先进，教学资源丰富的专业核心课程。

　　本系列教材凝聚了四川建筑职业技术学院广大教师和许多企业专家的心血，体现了现代高职教育的内涵，是四川建筑职业技术学院国家示范院校建设的重要成果，必将对推进我国建筑类高等职业教育产生深远影响。但加强专业内涵建设、提高教学质量是一个永恒主题。教学建设和改革是一个与时俱进的过程，教材建设也是一个吐故纳新的过程。衷心希望各用书学校及时反馈教材使用信息，提出宝贵意见，为本套教材的长远建设、修订完善做好充分准备。

　　衷心祝愿我国的高职教育事业欣欣向荣，蒸蒸日上。

四川建筑职业技术学院 院长：李　辉

2009 年 1 月 4 日

前　言

　　《房间分隔方案设计与实现》是按照我院建筑装饰工程技术专业示范建设方案中专业课程体系的要求而编写的。

　　本书编写指导思想是以工作过程为导向，主要特点是通过项目和情景的设定，集"教、学、做"于一体。在内容安排上结合建筑装饰工程技术专业毕业学生的岗位能力要求，以实用为主，够用为度。

　　本书将传统学科型知识体系中关于建筑装饰隔墙、隔断的制图识图、设计、构造、施工工艺、质量验收等内容，以隔墙、隔断工程施工为主线融为一体，更适合高职高专院校培养目标的需要。本书在内容编排上，做到了从简单到复杂、从单一到综合，既便于教师讲授，也适合学生自学。本书集知识性和实践性于一体，穿插了大量图片，图文并茂。

　　本书的每一个情境在编写顺序上与隔墙工程施工的施工过程一致，能结合实际工程施工图，详细叙述施工准备、材料要求、构造要求、施工工艺、施工质量标准、成品保护措施、施工安全技术等内容。

　　本书共有三个情境：学习情境1为隔墙、隔断工程方案的设计；学习情境2为无水房间分隔施工；学习情境3为有水房间分隔施工。实际教学中可根据不同的专业及学时数，自行对内容进行取舍。

　　在教学过程中，建议教学方法多样集合，强调学生独立收集信息、独立计划、独立实施、独立检查、独立工作能力的培养；采用多样化的教学手段，如施工现场教学、教学模型、教学多媒体、实地参观等方式结合，有效调动学生学习的积极性。

　　本书由四川建筑职业技术学院钟山主编、秦莉副主编。编写人员分工如下：学习情境一由钟山、冯斌编写；学习情境二由秦莉、许传金编写；学习情境三由安澜、秦莉、钟山编写。全书由安德高主审。

　　书中不妥之处，恳请读者批评指正。

编　者

目　录

学习情境 *1*

隔墙、隔断工程
方案的设计

在室内装饰装修中，设置隔墙或隔断是经常运用的对环境空间重新分割和组合、引导与过渡的重要手段，既满足了功能要求，又满足了现代人们对生活和审美的需求。隔墙或隔断虽然不能承重，但由于其墙身薄、自重小，可以提高平面利用系数，增加使用面积，拆装非常方便，还具有隔声、防潮、防火等功能，在室内装修中经常采用。

隔墙的类型较多，按构造方式不同，可分为骨架隔墙、砌块隔墙、板材隔墙三大类；按照工艺要求分类，可以分为有水房间的隔墙和无水房间的隔墙两类。用各种玻璃或轻质罩面板拼装制成的隔墙，为达到墙体的功能完善和外形比较美观，必须有相应骨架材料、嵌缝材料、吸声材料和隔声材料予以配套，并按照一定的构造要求和施工工艺施工。以下就较常用的轻质隔墙、隔断工程的设计与实现进行介绍。

项目1　隔墙、隔断方案设计认知

隔墙和隔断是分隔空间的非承重构件。其作用是对空间的分隔、引导和过渡。

一、隔墙和隔断有如下不同之处

（一）分隔空间的程度和特点不同

隔墙通常做到顶。将空间完全分为两个部分，相互隔开，没有联系，必要时隔墙上设有门。隔断多指作为分隔室内空间的不到顶的半截立面，有时也做到顶。空间似分非分，相互可以渗透，视线可不被遮挡，有时设门，有时设门洞，比较灵活。

（二）拆装的灵活性不同

隔墙设置后一般固定不变。隔断可以移动或拆装，空间可分可合。

二、隔墙和隔断方案设计

随着生活质量的不断提高，人们对赖以生存的环境提出了更加高层次的要求。在室内设计领域，空间的分隔设计更需要设计师从功能、色彩、材料、预算、环保等多方面加以考虑，创造出更加舒适的使用空间。根据建筑空间的使用性质和所处环境，运用物质技术手段和艺术处理手法，从内部把握住空间，合理设计分隔的形状和大小、色彩和材质等。为了满足人们舒适生活、活动的要求，从整体角度出发，考虑分隔设计的实施方案，其根本目的在于创造出满足物质与精神两方面需要的空间环境。

分隔空间的手法有很多种，从分隔的方向上看，可以水平方向分隔也可以竖直方向分隔，还可以以混合的方式分隔；从分隔空间具体实施上看，可以使用墙体、拉门、软帘、家具、植物、小品、柱列、装饰材质的变化等等。现仅就在竖直方向上以隔墙、隔断分隔室内空间的方式来进行讨论。

（一）封闭式分隔

采用封闭式分隔的目的，是为了对声音、视线、温度等进行隔离，形成独立的空间。这样相邻空间之间互不干扰，具有较好的私密性，但是流动性较差。一般利用现有的承重墙或现有的轻质隔墙隔离。多用于卡拉 OK 包厢、餐厅包厢及居住性建筑。

（二）半开放分隔

空间以隔屏，透空式的高柜、矮柜、不到顶的矮墙或透空式的墙面来分隔空间，其视线可相互透视，强调与相邻空间之间的连续性与流动性。

（三）象征式分隔

空间以建筑物的梁柱、材质、色彩、绿化植物或地坪的高低差等来区分。其空间的分隔性不明确，视线上没有有形物的阻隔，但透过象征性的区隔，在心理层面上仍然是区隔的两个空间。

（四）弹性分隔

有时两个空间之间的分隔方式居于开放式隔间或半开放式隔间之间，但在有特定目的时可利用暗拉门、拉门，活动帘、叠拉帘等方式分隔两空间。例如，卧室兼起居或儿童活动空间，当有访客时将卧室门关闭，可成为一个独立而又具有隐私性的空间。

（五）局部分隔

采用局部分隔的目的，是为了减少视线上的相互干扰，对于声音、温度等没有分隔，局部分隔法是利用高于视线的屏风、家具或隔断等。这种分隔的强弱因分隔体的大小、形状、材质等方面的不同而异。局部划分的形式有四种，即一字形垂直划分、L 形垂直划分、U 形垂直划分、平行垂直面划分等，局部分隔多用于大空间内划分小空间的情况。

（六）利用建筑小品、软隔断分隔

花架、花罩、博古架、喷泉等建筑小品对室内空间的划分，不但保持了大空间的特性，而且这种方式能够突出室内装饰的主题，烘托气氛，又能起到分隔空间的作用。利用软隔断制作半通透的隔断可以起到隔而不断的灵活效果，珠帘、金属网帘等特制的折叠连接帘，常用于住宅的空间分隔，施工简便，装饰效果强。

3

三、空间分隔设计的要素

现代室内设计中空间的分隔主要体现在光环境、色彩、声与材质上。就人的视觉来说，没有光就没有一切。空间通过光得以体现，没有光则无空间。在室内空间环境中，光不仅是为满足人们视觉功能的需要，而且是一个重要的美学因素，光可以形成空间、改变空间或破坏空间，它直接影响到物体、空间的大小、形状、质地和色彩的感知。光环境包括光（照度和布置）与色调（饱和度及显色性）在室内空间中建立的与空间形状有关的生理和心理环境，是现代建筑和室内设计中一个重要的有机组成部分。影响采光设计的因素很多，其中包括照度、气候、景观、室外环境等，另外，不仅要考虑直射光，而且还有漫射光和地面的反射光。

光和色不能分离，色彩设计作为室内空间分隔设计中的一种手段，当它与室内空间、采光、室内陈设等融为一个有机整体时，色彩设计才可算是有效的。因此，室内空间的整体性不但不排斥反而需要色彩系统的整体性。色彩既然与室内环境的其他因素相依附（如色彩在室内环境中主要依附于空间界面、家具、装饰、绿化等物体），那么，对色彩的处理就要依据建筑的性格、室内的功能、停留时间的长短等因素，进行协调或对比，使之趋于统一。

艺术材质的选用，是室内空间分隔设计中直接关系到使用效果和经济效益的重要环节。对于室内空间的饰面材料，同时具有使用功能和人们心理感受两方面要求。对材质的选择不仅要考虑室内的视觉效果，还应注意人通过触摸而产生的感受和美感，例如坚硬平滑的大理石、花岗石、金属，轻柔、细软的室内织物，以及自然亲切的木制材料等等。随着工业文明的迅速发展，人们对室内空间材质的要求逐渐"回归大自然"，"回归大自然"成为室内设计的一个重要发展趋势，一些天然材料开始受到设计师和大众的宠爱。

空间是固定的，而光线、色彩与材质是可以灵活运用的。通过光线、色彩、声与材质的灵活运用又可以体现出空间分隔的妙处。总之，现代室内设计环境中的光、色、质最终融为一体，赋予人们多重的心理感受。

四、空间分隔设计的新趋势

现代室内设计中空间的分隔有了一些新的趋势。当代的设计师已经不按以前传统的方式来分隔空间，而是以功能区为标准将室内空间划分为五个区。以"区"来重新定义空间类型，功能规划更为细腻，为全新生活方式提供完美的空间与室内外动线支持，充分满足个性与生活品质的追求。大致可分五大功能区，礼仪区：入口、起居室、餐厅，交往区：早餐室、厨房、家庭室，私密区：主卧、卫生间、次卧、书房，功能区：洗衣间、储藏室、车库、地下室，阁楼，室外区：沿街立面、前院、后院、平台、硬地。

图1-1 分隔客厅和门厅空间的装饰隔断　　图1-2 分隔卫生间的低矮隔墙

　　五大功能区的划分使室内设计科学地体现了日常生活中对空间利用的规律，满足了主人的饮食起居、交流礼仪等各方面的家庭生活需要，是对建筑设计非常有价值的创新，是最值得倡导的一点。在五大功能区的设计中设计师又特别注重礼仪和私密空间的营造，体现了现代人更高层次的精神和心理需求，是对人性更深刻地体贴。

项目2　隔墙的设计

　　若对某一起居室进行分隔，满足会客和办公需求，则可以隔墙进行局部分隔。对不同建筑空间分隔设计进行分析，可以发现隔墙构造设计要求如下：

　　1. 自重轻；

　　2. 强度、刚度、稳定性好；

　　3. 墙体薄；

　　4. 隔声性能好；

　　5. 满足防火、防水、防潮等特殊要求；

　　6. 便于拆除。

　　隔墙的类型按构造方式不同可以分为砌块式隔墙、立筋式隔墙、板材式隔墙三

图 1-3 不同形式的隔墙

大类。在具体选择设计方法和材料的时候应根据具体的工程特点和装饰风格需要而定，且应考虑到节能环保等其他方面的要求。针对现代多、高层框架结构建筑、节能住宅小区、追求绿色空间的生态小区对环保、节能的需要，多使用满足国家要求的节能环保型建筑隔墙材料，是取代传统砌块，保护环境，满足现代化建筑需要和可持续发展的必然趋势。

一、砌块隔墙

采用普通黏土砖、空心砖、加气混凝土砌块、玻璃砖等块材砌筑而成的非承重墙。

普通黏土砖隔墙一般有 1/2 砖隔墙和 1/4 砖隔墙。1/2 砖墙用全顺式砌筑，高度不宜超过 4m，长度不宜超过 6m，否则要加设构造柱和拉梁加固。1/4 砖墙用砖侧砌而成，一般用于小面积隔墙。

空心砖隔墙和轻质砌块隔墙重量轻，隔热性能好，也要采取加固措施。玻璃砖隔墙美观、通透、整洁、光滑，保温隔声性能好。玻璃砖侧面有凹槽，采用水泥砂浆或结构胶拼砌，缝隙一般 10mm。若砌筑曲面时，最小缝隙 3mm，最大缝隙

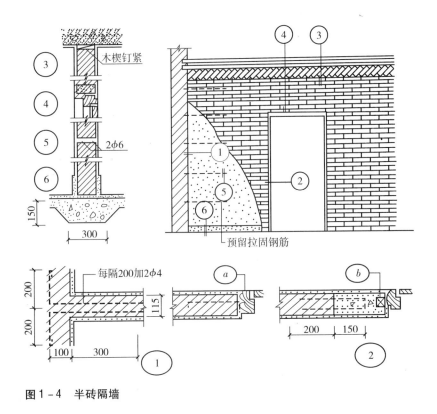

图1-4 半砖隔墙

16mm。玻璃砖隔墙高度控制在4.5m以下，长度也不宜过长。凹槽中可加钢筋或扁钢进行拉接，提高稳定性。面积超过12~15m²时，要增加支撑加固。

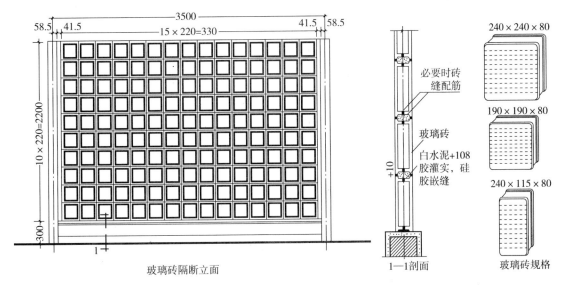

图1-5 玻璃砖隔断

二、骨架隔墙

指由骨架和饰面层所组成的轻质隔墙。有板条抹灰隔墙、钢板网抹灰隔墙、各种板材隔墙、轻钢龙骨石膏板隔墙等。

1. 基本构造要点

（1）布置隔墙龙骨

常用隔墙骨架有木龙骨和金属龙骨。

1）木龙骨

由木制的上槛、下槛、墙筋、斜（横）撑构成。骨架与楼板应连接牢固，墙筋间距视面层而定，一般400~600mm。隔墙下部砌筑二~三皮实心砖，同时骨架还应作防火、防腐处理。

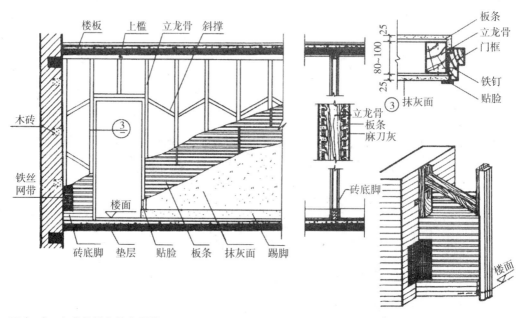

图1-6 木龙骨板条抹灰隔墙

2）金属龙骨

一般采用薄壁钢板、铝合金薄板、轻型型钢制成各种配套龙骨和连接件。龙骨有沿顶龙骨、沿地龙骨、竖向龙骨、横撑龙骨、加强龙骨等，截面形式有T形和C形。

做法：先固定沿顶、沿地龙骨；按面板规格固定竖向龙骨，间距一般为400~600mm。

沿顶、沿地龙骨的安装方法有：预埋铁件、射钉或胀管螺栓，竖向龙骨固定在沿顶、沿地龙骨上，需要时加横撑龙骨。

（2）饰面层的固定与修饰

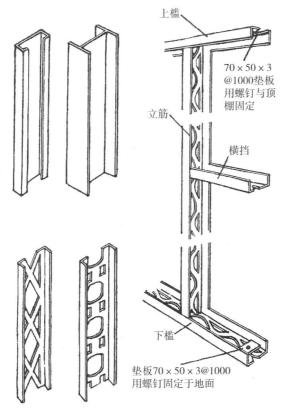

（a）薄壁金属隔墙墙筋形式　（b）金属隔墙骨架装配示意

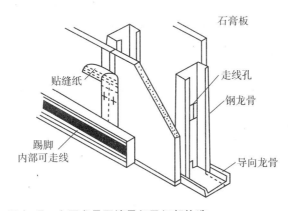

图1-7　金属龙骨隔墙骨架及细部构造

饰面层有各种加筋抹灰和各种饰面板。

1）饰面材料形式

抹灰饰面：板条抹灰、钢板网抹灰、钢丝网抹灰等。在骨架上加钉木板条、钢板网、钢丝网，然后再抹灰，其上可做其他饰面。

板材饰面：胶合板、纤维板、石膏板、水泥刨花板、石棉水泥板、金属薄板、玻璃板等。

2）面板固定及缝隙

与骨架固定方式：钉接、粘结、卡入式。

面板缝隙形式：明缝、暗缝。

2. 轻钢龙骨石膏板隔墙构造

（1）龙骨布置固定

先固定沿顶龙骨和沿地龙骨，再按面板规格布置竖向龙骨。

（2）纸面石膏板铺贴

面板用长螺钉与骨架固定；双层石膏板接缝要错开；阴角处用铁角固定；插座、开洞周围贴玻璃纤维布。

（3）板面接缝

1）明缝：采用勾凹缝和嵌压条（铝合金或塑料压条）。

2）暗缝：采用斜角相接，穿孔纸带贴盖。

（4）饰面防潮处理

1）涂料饰面：刮腻子，刷涂料。

2）裱糊饰面：刮腻子，砂纸打磨，裱糊塑料壁纸。

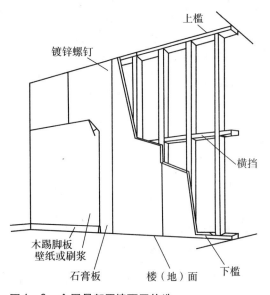

图 1-8　金属骨架隔墙面层构造

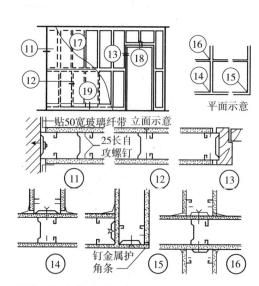

图 1-9　轻钢龙骨纸面石膏板隔墙构造

三、板材（条板式）隔墙

采用大块条板拼装而成的隔墙。

1. 材料形式

加气混凝土条板、石膏珍珠岩板、彩色灰板、泰柏板及各种复合板。

2. 板材式隔墙的固定方式

将隔墙与地面直接固定，通过木肋与地面固定，通过混凝土肋与地面固定。

3. 泰柏板隔墙

组成：泡沫塑料条板、网状钢丝笼。

连接：U形码、压板、膨胀螺栓等。

饰面：用水泥砂浆打底形成坚固基层，其上再做饰面。

项目3　隔断的设计

现拟对一建筑空间做装饰隔断，要求既分隔空间又具有美观的功能。常见隔断的种类有：

从限定程度上分：空透式隔断、隔墙式隔断（玻璃隔断）；

从固定方式分：固定式隔断、移动式隔断；

从启闭方式分：折叠式隔断、直滑式隔断、拼装式隔断等；

从材料上分：竹木隔断、玻璃隔断、金属隔断、混凝土花格隔断等。

此外，还有硬质隔断、软质隔断、家具式隔断、屏风式隔断等。

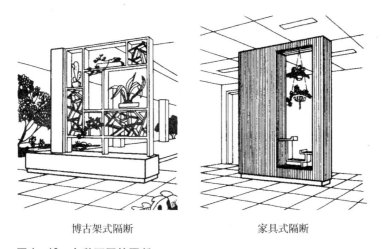

博古架式隔断　　　　　　　　家具式隔断

图1-10　各种不同的隔断

一、固定式隔断

特点：划分和限定空间，增加空间层次和深度，创造似隔非隔、虚实兼具的空间意境。

形式：花格隔断、玻璃隔断、博古架、落地罩等。

材料：木、竹、水泥、玻璃（有机玻璃）、金属等。

连接固定：预埋件、预留筋、镶嵌、压条等。

二、帷幕式隔断

又称软隔断。利用布料织物分隔室内空间。

特点：采用软质布料织物分隔室内空间，空间可分可合，灵活机动，便于更新。

一般由帷幕、轨道、滑轮（吊钩）、支架（吊杆）及专门构配件组成。固定在墙上或顶棚上。

三、移动式隔断

可随意闭合或打开。按启闭的方式分为拼装式、直滑式、折叠式、卷帘式、起落式。

1. 拼装式隔断

不设滑轮和导轨，由独立的隔扇拼装而成。

（1）构成：隔扇、上槛、补充构件、密封条。

隔扇——由骨架和面板组成，塑料或人造革饰面。

上槛——槽形和T形两种，与隔扇的上边缘相对应。

补充构件——隔扇侧面与墙面衔接的槽形构件。

密封条——遮挡隔扇底部缝隙。

图 1-11
移动式隔断

构造：将通长上槛用螺钉或铅丝固定在顶棚上，隔扇安装在上槛上，靠墙一侧设置槽形构件，底部设密封条。

（2）构造要求

1）隔扇之间做成企口缝，使拼接紧密。

2）隔扇顶部与顶棚保持50mm的空隙。便于装卸。

2. 折叠式隔断

可以随意展开或收拢。主要由轨道、滑轮和隔扇组成。

按材质不同有硬质和软质两种。硬质隔扇由木框架两面贴面板制成，有木隔扇和金属隔扇，隔扇间采用铰链连接。软质隔扇采用棉、麻、织品、帆布、人造革或橡胶、塑料制品等做面材。在木立柱或金属杆之间设置伸缩架，然后两面固定软质面层。

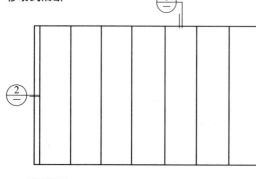

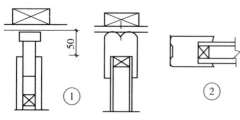

T形上槛　　　　槽形上槛

根据滑轮和导轨的不同可分为悬吊导向式、支撑导向式和二维移动式三种。

（1）悬吊导向式

在顶棚安装导轨，并在隔扇顶部设滑轮，滑轮吊挂在导轨上。

当滑轮设在隔扇端部时，楼地面上需设轨道，引导隔扇下端的导向杆。当滑轮设在隔扇中央时，楼地面上不需设轨道，但在隔扇下端需设密封刷或密封槛。

（2）支撑导向式

这种方式是将上述方式中上下设置作了调换。在隔扇下端设置滑轮，上端设置导向杆，在地面导轨下需设钢筋脚码。

（3）二维移动式

这种方式是安装两层导轨，下层导轨可在上层导轨中运行，这样分隔空间的灵活性就更大了。

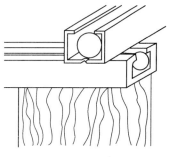

图1-12　二维移动式导轨

复习思考题

1. 什么是隔墙？什么是隔断？

2. 隔墙和隔断的设计要点是什么？

3. 常见的隔墙和隔断形式有哪些？

学习情境 2

无水房间分隔施工

无水房间的隔墙、隔断主要用于分隔空间，对美观和功能要求较高，通常不承重。施工最常见的有：木骨架隔墙、金属骨架隔墙、各种板材隔墙、活动隔断等，主要指的是隔墙、隔断所处的室内环境为干燥的无水房间的工程情景。本章主要介绍骨架隔墙，部分板材隔墙和活动隔断的设计方法、构造要求及工艺流程。

项目 1　木骨架隔墙施工

骨架隔墙是以木材、金属型材等作为骨架材料，在龙骨骨架上按照设计要求安装各种轻质装饰罩面板材共同组成。常用的主要是木龙骨板材隔墙和轻钢龙骨板材隔墙。

当轻质隔墙采用木龙骨作基层骨架时，较常见的是采用各种木质饰面板材作罩面，通常采用木夹板、中密度纤维板、石膏板等板材，也可以使用纸面石膏板罩面。它一般用作室内的小型隔墙，其突出的优点是组装简便、造型灵活、技术简单；其缺点是不利消防、强度不高，因此在较大型或重要的场所不宜采用。

一、材料要求

（一）罩面板应表面平整、边缘整齐，不应有污垢、裂纹、缺角、翘曲、起皮、色差、图案不完整的缺陷。胶合板、木质纤维板不应脱胶、变色和腐朽。

（二）木龙骨应顺直，无弯曲、变形和劈裂和节疤。

（三）填充隔声材料：岩棉、玻璃丝棉等按设计要求选用并符合环保要求。

（四）嵌缝材料：嵌缝腻子、接缝带、胶粘剂、玻璃纤维布等按设计要求选用并符合环保要求。

（五）在木龙骨板材隔墙中，罩面板的安装宜使用镀锌的螺钉、钉子。接触砖石、混凝土的木龙骨和预埋的木砖应作防腐处理。所有木作都应做好防火处理。

二、构造做法

（一）木龙骨隔墙

木龙骨隔墙的木龙骨由上槛、下槛、墙筋和斜撑组成。木龙骨常用断面尺寸为50mm×70mm，大型隔墙可用50mm×100mm，小型墙体可用25mm×30mm。

（二）木龙骨架的安装

隔墙木龙骨架所用木材的树种、材质等级、含水率以及防腐、防虫、防火处理，必须符合设计要求和国家木结构工程施工的验收规范及有关规定。接触砖、石、混凝土的骨架和预埋木砖，应经防腐处理，连接用的铁件必须经镀锌或防锈处理。

1. 弹线打孔

根据设计图纸的要求，在楼地面和墙面上弹出隔墙的位置线（中心线）和隔墙厚度线（边线）。同时按 300~400mm 的间距确定固定点的位置，用直径 7.8mm 或 10.8mm 的钻头在中心线上打孔，孔深 45mm 左右，向孔内放入 M6 或 M8 的膨胀螺栓。注意打孔的位置与骨架竖向木方错开位。如果用木楔铁钉固定，就需打出直径 20mm 左右的孔，孔深 50mm 左右，再向孔内打入木楔。

2. 固定木龙骨

固定木龙骨的方式很多。为保证装饰工程的结构安全，在市内装饰工程中，通常遵循不破坏原建筑结构的原则进行龙骨的固定。木龙骨的固定，一般按以下步骤进行：

（1）固定木龙骨的位置，通常是在沿地、沿墙、沿顶等处。

（2）在固定木龙骨前，应按对应地面和顶面的隔墙固定点的位置，在木龙骨架上画线，标出固定点的位置，进而在固定点打孔，打孔的直径略微大于膨胀螺栓的直径。

（3）对于半高矮隔墙来说，主要靠地面固定和端头的建筑墙面固定。如果矮隔墙的端头处无法与墙面固定，常采用铁件来加固端头处。加固部分主要是在地面与竖向木方之间。

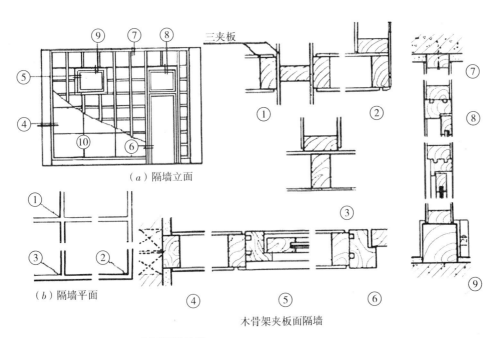

（a）隔墙立面

（b）隔墙平面

木骨架夹板面隔墙

图 2-1　木龙骨纸面石膏板隔墙构造

3. 木骨架与吊顶的连接

在一般情况下，隔墙木骨架的顶部与建筑楼板底的连接可有多种选择，采用射钉固定连接件，或采用膨胀螺栓，或采用木楔圆钉等做法均可。如若隔墙上部的顶端不是建筑结构，而是与装饰吊顶相接触时，其处理方法需要根据吊顶结构而定。

对于不设开启门扇的隔墙，当其与铝合金或轻钢龙骨吊顶接触时，只要求与吊顶面间的缝隙小而平直，隔墙木骨架可独自通过吊顶内与建筑楼板以木楔圆钉固定。当其与吊顶的木龙骨接触时，应将吊顶木龙骨与隔墙木龙骨的沿顶龙骨钉接起来，如果两者之间有接缝，还应垫实接缝后再钉钉子。

对于设有开启门扇的隔墙，考虑到门的启闭振动及人的往来碰撞，其顶端应采取较牢靠的固定措施，一般做法是其竖向龙骨穿过吊顶面与建筑楼板底面固定，需采用斜角支撑。斜角支撑的材料可以是木方，也可以是角钢，斜角支撑杆件与楼板底面的夹角以60°为宜。斜角支撑与基体的固定方法，可用木楔铁钉或膨胀螺栓。

（三）固定板材

各种板材可直接钉接或粘结在木龙骨上。

（四）木隔墙门窗的构造做法

1. 木隔墙门框构造

木隔墙的门框是以门洞口两侧的竖向木龙骨为基体，配以挡位框、饰边板或板边线组合而成的。传统的大木方骨架的隔墙门洞竖龙骨断面头，其挡位框的木方可直接固定于竖向木龙骨上。对于小木方双层骨架的隔墙，由于其木方断面较小，应先在门洞内侧钉固12mm厚的胶合板或实木板之后，才可在其上固定挡位框。如若对木隔墙门的设置要求较高，其门框的竖向木方应具有较大断面，并须采取铁件加固法，这样做可以保证不会由于门的频繁启闭振动而造成隔墙的振动或松动。木质隔墙门框在设置挡位框的同时，为了收边、封口和装饰美观，一般都采取包框饰边的结构形式，常见的有厚胶合板加木线包边、阶梯式包边、大木线条压边等。安装固定时可使用胶粘剂钉合，装设牢固，注意铁钉应冲入面层。

2. 木隔墙窗框构造

木隔墙中的窗框是在制作木隔墙时预留出来的，然后由木夹板和木线条进行压边或定位。木隔墙的窗有固定式和活动窗扇式，固定窗是用木条把玻璃定位在窗框中，活动窗扇式与普通活动窗基本相同。

（五）饰面

在木龙骨夹板墙身基面上，可进行的饰面种类有：涂料饰面、裱糊饰面、镶嵌各种罩面板等。

三、施工工艺

（一）工艺流程

弹线→安装木龙骨→安装小龙骨→防火防腐处理→安装饰面板→安装压条

（二）操作工艺

1. 弹线

在基体上弹出水平线和竖向垂直线，以控制隔断龙骨安装的位置、格栅的平直度和固定点。

2. 安装木龙骨

沿弹线位置固定沿顶和沿地龙骨（采用金属膨胀螺栓或直钉），各自交接后的龙骨应保持平直。固定点间距应不大于1000mm，龙骨的端部必须固定牢固。边框龙骨与基体之间，应按设计要求安装密封条。

门窗或特殊节点处，应使用附加龙骨，其安装应符合设计要求。

3. 防火、防腐处理

安装饰面板前，应对龙骨进行防火、防腐处理。

4. 安装饰面板

（1）石膏板安装：安装石膏板前，应对预埋隔断中的管道和附于墙内的设备采取局部加强措施。石膏板宜竖向铺设，长边接缝宜落在竖向龙骨上。双面石膏罩面板安装，应与龙骨一侧的内外两层石膏板错缝排列，接缝不应落在同一根龙骨上；需要隔声、保温、防火的应根据设计要求在龙骨一侧安装好石膏罩面板后，进行隔声、保温、防火等材料的填充；一般采用玻璃丝棉或30~100mm岩棉板进行隔声、防火处理；采用50~100mm苯板进行保温处理，再封闭另一侧的板。石膏板应采用自攻螺钉固定。周边螺钉的间距不应大于200mm，中间部分螺钉的间距不应大于300mm，螺钉与板边缘的距离应为10~16mm。安装石膏板时，应从板的中部开始向板的四边固定。钉头略埋入板内，但不得损坏纸面；钉眼应用石膏腻子抹平；钉头应做防锈处理。石膏板应按框格尺寸裁割准确；就位时应与框格靠紧，但不得强压。隔墙端部的石膏板与周围的墙或柱应留有3mm的槽口。施铺罩面板时，应先在槽口处加注嵌缝膏，然后铺板并挤压嵌缝膏使面板与邻近表层接触紧密。在丁字形或十字形相接处，如为阴角应用腻子嵌满，贴上接缝带，如为阳角应做护角。石膏板的接缝，可参照轻钢骨架板材隔墙处理。

（2）胶合板和纤维板、人造木板安装：安装胶合板、人造木板的基体表面，需用油毡、釉质防潮时，应铺设平整，搭接严密，不得有皱折、裂缝和透孔等。胶合板、人造木板采用直钉固定，钉距为80~120mm，钉长为20~30mm，钉帽应打扁并钉入板面0.5~1mm；钉眼用油性腻子抹平。墙面用胶合板、纤维板装饰时，阳角处宜做

19

护角；硬质纤维板应用水浸透，自然阴干后安装。胶合板、纤维板用木压条固定时，钉距不应大于200mm，钉帽打扁后钉入木压条0.5~1mm，钉眼用油性腻子抹平。

（3）塑料板安装：塑料板安装方法，一般有粘结和钉结两种。粘结：用聚氯乙烯胶粘剂（601胶）或聚醋酸乙烯胶进行粘结。先用刮板或毛刷同时在墙面和塑料板背面涂刷，不得有漏刷。涂胶后见胶液流动性显著消失、用手接触胶层感到黏性较大时，即可粘结。粘结后应采用临时固定措施，同时将挤压在板缝中多余的胶液刮除，将板面擦净。钉接：安装塑料贴面复合板应预先钻孔，再用木螺钉加垫圈紧固。也可用金属压条固定。木螺钉的钉距一般为400~500mm，排列应一致整齐。加金属压条时，应拉横竖通线，并应先用钉子将塑料贴面复合板临时固定，然后加盖金属压条，用垫圈找平固定。

（4）铝合金装饰条板安装：用铝合金条板装饰墙面时，可用螺钉直接固定在结构层上，也可用锚固件悬挂或嵌卡的方法，将板固定在墙筋上。

四、施工准备

（一）技术准备

编制木龙骨板材隔墙工程施工方案，并对工人进行书面技术及安全交底。

（二）材料要求

1. 罩面板应表面平整、边缘整齐、不应有污垢、裂纹、缺角、翘曲、起皮、色差、图案不完整的缺陷。胶合板、木质纤维板不应脱胶、变色和腐朽。

2. 龙骨和罩面板材料的材质均应符合现行国家标准和行业标准的规定。

3. 罩面板的安装宜使用镀锌的螺钉、钉子。接触砖石、混凝土的木龙骨和预埋的木砖应做防腐处理。所有木作都应做好防火处理。

4. 质量要求：见表2-1。

人造板及其制品中甲醛释放试验方法及限量值 表2-1

产品名称	实验方法	限量值	使用范围	限量标志 b
中密度纤维板、高密度纤维板、刨花板、定向刨花板等	穿孔萃取法	≤9mg/100g	可直接用于室内	E1
		≤30mg/100g	必须饰面处理后可允许用于室内	E2
胶合板、装饰单板贴面胶合板、细木工板等	干燥器法	≤1.5mg/L	可直接用于室内	E1
		≤5.0mg/L	必须饰面处理后可允许用于室内	E2
饰面人造板（包括浸渍纸层压木制地板、实木复合地板、竹地板、浸渍胶膜纸饰面人造板等）	气候箱法	≤0.12mg/m³	可直接用于室内	E1
	干燥器法	≤1.5mg/L		

注：1. 仲裁时采用气候箱法。
2. E1 为可直接用于室内的人造板，E2 为必须在饰面处理后方可允许用于室内的人造板。

（三）主要机具（表2-2）

主要机具一览表

表2-2

序号	机械、设备名称	规格型号	定额功率或容量	数量	性能	工种	备注
1	空气压缩机	PH-10-88	7.5kW	1	良好	木工	按8~10人/班组计算
2	电圆锯	5008B	1.4kW	1	良好	木工	按8~10人/班组计算
3	手电钻	JIZ-ZD-10A	0.43kW	3	良好	木工	按8~10人/班组计算
4	手提式电刨	1900B	0.58kW	1	良好	木工	按8~10人/班组计算
5	射钉枪	SDT-A301		2	良好	木工	按8~10人/班组计算
6	曲线锯	T101AD	0.28kW	1	良好	木工	按8~10人/班组计算
7	铝合金靠尺	2m		3	良好	木工	按8~10人/班组计算
8	水平尺	600mm		4	良好	木工	按8~10人/班组计算
9	粉线包			1	良好	木工	按8~10人/班组计算
10	墨斗			1	良好	木工	按8~10人/班组计算
11	小白线			100m	良好	木工	按8~10人/班组计算
12	卷尺	5m		8	良好	木工	按8~10人/班组计算
13	方尺	300mm		4	良好	木工	按8~10人/班组计算
14	线锤	0.5kg		4	良好	木工	按8~10人/班组计算
15	托线板	2mm		2	良好	木工	按8~10人/班组计算

1. 电动机械：小电锯、小台刨、手电钻、电动气泵、冲击钻。

2. 手动工具：木刨、扫槽刨、线刨、锯、斧、锤、螺钉旋具、摇钻、直钉枪等。

（四）作业条件

1. 木龙骨板材隔断工程所用的材料品种、规格、颜色以及隔断的构造、固定方法，均应符合设计要求。

2. 隔断的龙骨和罩面板必须完好，不得有损坏、变形弯折、翘曲、边角缺损等现象，并要注意被碰撞和受潮。

3. 电气配件的安装，应嵌装牢固，表面应与罩面板的底面齐平。

4. 门窗框与隔断相接处应符合设计要求。

5. 隔断的下端如用木踢脚板覆盖，隔断的罩面板下端应离地面20~30mm；如用大理石、水磨石踢脚时，罩面板下端应与踢脚板上口齐平，接缝要严密。

6. 做好隐蔽工程和施工记录。

五、质量控制要点

（一）材料的关键要求

1. 各类龙骨、配件和罩面板材料以及胶粘剂的材质应符合现行国家标准和行业标准的规定。

2. 人造板、粘结剂必须有环保要求检测报告。

（二）技术关键要求

弹线必须准确，经复验后方可进行下道工序。固定沿顶和沿地龙骨，各自交接后的龙骨，应保持平整垂直，安装牢固。靠墙立筋应与墙体连接牢固紧密。边框应与隔断立筋连接牢固，确保整体刚度。按设计做好木作防火、防腐。

（三）质量关键要求

1. 沿顶和沿地龙骨与主体结构连接牢固，保证隔断的整体性。

2. 罩面板应经严格选材，表面应平整光洁。安装罩面板前应严格检查龙骨的垂直度和平整度。

（四）职业健康安全关键要求

1. 在使用电动工具时，用电应符合《施工现场临时用电安全技术规范》JGJ 46—88。

2. 在高空作业时，脚手架搭设应符合相关的建筑工程施工安全操作规程。

3. 施工过程中防止粉尘污染应采取相应的防护措施。

（五）环境关键要求

1. 在施工过程中应符合《民用建筑工程室内环境污染控制规范》GB 50325—2001。

2. 在施工过程中应防止噪声污染，在施工场界噪声敏感区域宜选择使用低噪声的设备，也可以采取其他降低噪声的措施。

3. 骨架安装的允许偏差，应符合表2-3规定。

木龙骨隔墙骨架安装允许偏差 表2-3

项次	项目	允许偏差（mm）	检验方法
1	立面垂直	2	用2m托线板检查
2	表面平整	2	用2m直尺和楔形塞尺检查

六、质量验收标准

（一）主控项目

1. 骨架木材和罩面板材质、品种、规格、式样应符合设计要求和施工规范的规定。

2. 木骨架必须安装牢固，无松动，位置正确。

3. 罩面板无脱层、翘曲、折裂、缺楞掉角等缺陷，安装必须牢固。

（二）基本项目

1. 木骨架应顺直，无弯曲、变形和劈裂。

2. 罩面板表面应平整、洁净，无污染、麻点、锤印，颜色一致。

3. 罩面板之间的缝隙或压条，宽窄应一致，整齐、平直、压条与板接封严密。

4. 骨架隔墙面板安装的允许偏差：见表2-4。

木骨架隔墙面板安装的允许偏差 表2-4

项次	项目	允许偏差（mm）					检验方法
		纸面石膏板	埃特板	多层板	硅钙板	人造木板	
1	立面垂直度	3	3	3	3	3	用2m垂直检测尺检查
2	表面平整度	2	2	2	2	2	用2m靠尺和塞尺检查
3	阴阳角方正	3	3	3	3	3	用直角检测尺检查
4	接缝直线度	—	—	—	—	3	拉5m线，不足5m拉通线用钢直尺检查
5	压条直线度	2	2	2	2	2	拉5m线，不足5m拉通线用钢直尺检查
6	接缝高低差	1	1	1	1	1	用钢直尺和塞尺检直

（三）成品保护

1. 隔墙木骨架及罩面板安装时，应注意保护顶棚内装好的各种管线，木骨架的吊杆。

2. 施工部位已安装的门窗，已施工完的地面、墙面、窗台等应注意保护、防止损坏。

3. 条木骨架材料，特别是罩面板材料，在进场、存放、使用过程中应妥善管理，使其不变形、不受潮、不损坏、不污染。

（四）安全环保措施

1. 隔断工程的脚手架搭设应符合建筑施工安全标准。

2. 脚手架上搭设跳板应用钢丝绑扎固定，不得有探头板。

3. 工人操作应戴安全帽，注意防火。

4. 施工现场必须工完场清。设专人洒水、打扫，不能扬尘污染环境。

5. 有噪声的电动工具应在规定的作业时间内施工，防止噪声污染、扰民。

6. 机电器具必须安装触电保安器，发现问题立即修理。

7. 遵守操作规程，非操作人员决不准乱动机具，以防伤人。

8. 现场保持良好通风，但不宜过堂风。

（五）质量记录

1. 材料应有合格证、环保检测报告。

2. 工程验收应有质量验评资料。

项目2　轻钢龙骨隔墙施工

轻钢龙骨，是以厚度为0.5～1.5mm的镀锌钢带、薄壁冷轧退火卷带或彩色喷塑钢带为原料，经龙骨机辊压而制成的轻钢隔墙骨架支撑材料。薄壁轻钢龙骨与玻璃或轻质板材组合，即可组成隔断墙体，通称轻钢龙骨隔墙。

一、材料要求

（一）轻钢龙骨主件：沿顶龙骨、沿地龙骨、加强龙骨、竖向龙骨、横撑龙骨的规格、型号、表面处理等应符合设计和相关标准的要求。

（二）轻钢骨架配件：支撑卡、卡托、角托、连接件、固定件、护墙龙骨和压条等附件，应符合设计要求和相关标准的要求。

（三）紧固材料：射钉、膨胀螺栓、镀锌自攻螺钉、木螺钉和粘贴嵌缝料，应符合设计和相关标准的要求。

（四）填充隔声材料：岩棉、玻璃丝棉等按设计要求选用并符合环保要求。

（五）罩面板材：可选用石膏板、胶合板、纤维板、塑料板、铝合金装饰条板等。

（六）嵌缝材料：嵌缝腻子、接缝带、胶粘剂、玻璃纤维布等按设计要求选用并符合环保要求。

（七）通常隔墙使用的轻钢龙骨为 C 形隔墙龙骨，其中分为三个系列：C50 系列可用于层高 3.5m 以下的隔墙；C75 系列可用于层高 3.5~6m 的隔墙；C100 系列可用于层高 6m 以上的隔墙。

二、构造做法

轻钢龙骨一般用于现场装配纸面石膏板隔断墙，也可用于水泥刨花板隔墙、稻草板隔、纤维板隔墙等。不同类型、不同规格的轻钢龙骨，可以组成不同的隔墙骨架构造。一般是用沿地、沿顶龙骨与沿墙、沿柱龙骨（用竖龙骨）构成隔墙边框，中间立数干竖向龙骨，它是主要承重龙骨。有些类型的轻钢龙骨，还要加通贯横撑龙骨和加强龙骨；竖向龙骨间距根据石膏板宽度而定，一般在石膏板板边、板中各放置一根，间距不大于 600mm；墙面装修层密度较大，如贴瓷砖，龙骨间距不大于420mm 为宜；当隔墙高度要增高，龙骨间距亦应适当缩小。

轻质隔墙有限制高度，它是根据轻钢龙骨的断面、刚度和龙骨间距、墙体厚度、石膏板层数等方面的因素而定。

隔墙骨架构造由不同的龙骨类型构成不同的体系，可根据隔墙要求分别确定。

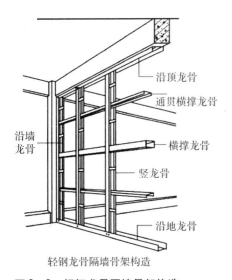

图 2-2　轻钢龙骨隔墙骨架构造

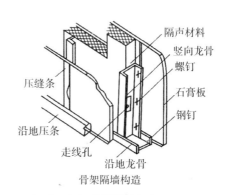

图 2-3　轻钢龙骨隔墙细部

沿地龙骨、沿顶龙骨、沿墙龙骨和沿柱龙骨，统称为边框龙骨。边框龙骨和主体结构的固定，一般采用射钉法，即按间距不大于 1m 打入射钉与主体结构固定，也可采用电钻打孔打入膨胀螺栓或在主体结构上留预埋件的方法固定。竖龙骨用拉铆钉与沿地龙骨和沿顶龙骨固定，也可采用自攻螺钉或点焊的方法连接。

门框和竖向龙骨的连接，根据龙骨类型不同又多种做法，有采取加强龙骨与木门框连接的做法，也有用木门框两侧框向上延长，插入沿顶龙骨，然后固定于沿顶龙骨和竖龙骨上，也可采用其他固定方法。

圆曲面隔墙墙体的构造，应根据曲面要求将沿地龙骨、沿顶龙骨切锯成锯齿形，固定在顶面和地面上，然后按较小的间距（一般为150mm）排立竖向龙骨。

为增强隔墙轻钢骨架的强度和刚度，每道隔墙为保证最少设置一条通贯龙骨，通贯龙骨穿通竖龙骨而在隔墙骨架横向通长布置。通贯龙骨横穿隔墙的全宽，如果隔墙的宽度较大，势必采取接长措施。

隔墙龙骨在组装时，竖龙骨与横向龙骨（除通贯龙骨作横向布置外，往往需要设置加强龙骨）相交部位的连接采用角托。

三、施工工艺

（一）工艺流程

弹线→安装沿顶、沿地龙骨→安装门窗框→安装龙骨→安装系统管线→安装石膏板→接缝及面层处理→细部收口处理。

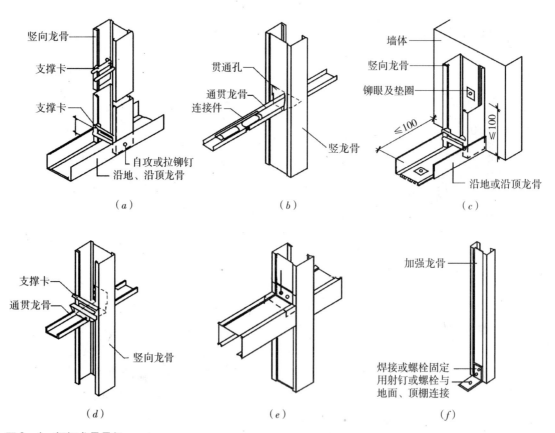

图2-4 轻钢龙骨骨架

（a）竖向龙骨与沿地龙骨连接；（b）通贯龙骨的接长；（c）龙骨与墙、地连接；（d）通贯龙骨与竖龙骨连接；（e）竖龙骨与横龙骨或加强龙骨连接；（f）加强龙骨与地面连接

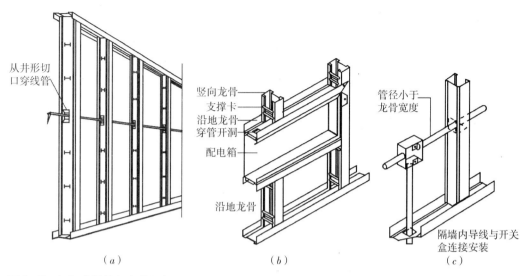

图 2-5　轻钢龙骨骨架安装细部

（a）隔墙管道线路安装构造；（b）配电箱安装构造；（c）墙内导线与开关盒连接构造

（二）操作工艺

1. 弹线

在基体上弹出水平线和竖向垂直线，以控制隔断龙骨安装的位置、龙骨的平直度和固定点。

2. 安装沿顶、沿地龙骨

按墙顶龙骨位置边线，安装顶龙骨和地龙骨。安装时一般用射钉或金属膨胀螺栓固定于主体结构上，其固定间距不大于600mm。

3. 安装门窗框

隔墙的门窗框安装并临时固定，在门窗框边缘安加强龙骨，加强龙骨通常采用对扣轻钢竖龙骨。

4. 安装龙骨

（1）安装竖龙骨：按门窗位置进行竖龙骨分格。根据板宽不同，竖龙骨中心距尺寸一般为453、603mm。当分格存在不足模数板块时，应避开门窗框边第一块板的位置，使破边石膏板不在靠近门窗边框处。安装时，按分格位置将竖龙骨上、下两端插入沿顶、沿地龙骨内，调整垂直，用抽芯铆钉固定。靠墙、柱的边龙骨除与沿顶、沿地龙骨用抽芯铆钉固定外，还需用金属膨胀螺栓或射钉与墙、柱固定，钉距一般为900mm。竖龙骨与沿顶、沿地龙骨固定时，抽芯铆钉每面不少于三颗，品字形排列，双面固定。

（2）安装横向龙骨：根据设计要求布置横向龙骨。当使用贯通式横向龙骨时，若高度小于3m应不少于一道，3～5m之间设两道；大于5m设三道横向龙骨，与竖向龙骨采用抽芯铆钉固定。使用支撑卡式横向龙骨时，卡距 400～600mm，支撑卡应安装在竖向（即横向龙骨间距）龙骨的开口上，并安装牢固。

5. 安装系统管线

安装墙体内水、电管线和设备时，应避免切断横、竖向龙骨，同时避免在沿墙下端设置管线。要求固定牢固，并采取局部加强措施。

6. 安装石膏板

石膏板安装前应检查龙骨的安装质量；门、窗框位置及加固是否符合设计及构造要求；龙骨间距是否符合石膏板的宽度模数，并办理隐检手续。水电设备需系统试验合格后，办理交接手续。

（1）首先从门口处开始安装一侧的石膏板，无门洞口的墙体由墙的一端开始。石膏板宜竖向铺设，长边接缝宜落在竖向龙骨上。曲线墙石膏板宜横向铺贴。门窗口两侧应用刀把形板。石膏板用自攻螺钉固定到龙骨上，板边钉距不应大于200mm，板中间钉距不应大于300mm，螺钉距石膏板边缘的距离应为 10～16mm。自攻螺钉紧固时，石膏板必须与龙骨贴平贴紧。

安装石膏板时，应从板的中部向长边及短边固定，钉头稍埋入板内，但不得损坏纸面，以利于板面装饰和进行下道工序。

（2）其次，墙体内安装防火、隔声、防潮填充材料，与另一侧石膏板安装同时进行，填充材料应铺满、铺平。

（3）最后，安装墙体另一侧石膏板：安装方法同第一侧石膏板，接缝应与第一侧面板缝错开，拼缝不得放在同一根龙骨上。

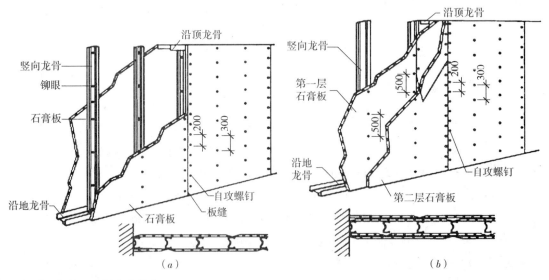

图 2-6　纸面石膏板安装构造

（a）单层石膏板隔墙构造；（b）双层石膏板隔墙构造

（4）双层石膏板墙面安装：第二层板的固定方法与第一层相同，但第二层板的接缝应与第一层错开，不能与第一层的接缝落在同一龙骨上。

7. 接缝及面层处理

隔墙石膏板之间的接缝一般做平缝，并按以下程序处理：

（1）首先刮嵌缝腻子：刮嵌缝腻子前，将接缝内清除干净，固定石膏板的螺钉帽进行防腐处理，然后用小刮刀把腻子嵌入板缝，与板面填实刮平；

（2）其次粘贴接缝带：嵌缝腻子凝固后粘贴接缝带。先在接缝上薄刮一层稠度较稀的胶状腻子，厚度一般为1mm，比接缝带略宽，然后粘贴接缝带，并用开刀沿接缝带自上而下一个方向刮平压实，使多余的腻子从接缝带的网孔中挤出，使接缝带粘贴牢固；

（3）第三刮中层腻子：接缝带粘贴后，立即在上面再刮一层比接缝带宽80mm左右、厚约1mm的中层腻子，使接缝带埋入腻子中；

（4）最后刮平腻子：用大开刀将腻子在板面接缝处满刮，尽量薄，与板面填平为准。

8. 细部收口处理

墙面、柱面和门口的阳角应按设计要求做护角；阳角处应粘贴两层玻璃纤维布，角两边均拐过100mm，表面用腻子刮平。

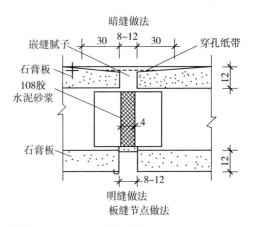

图2-7 石膏板板缝处理

（三）季节性施工

1. 雨期施工时，轻钢骨架、石膏板应入库存放，注意保持通风干燥，防止受潮生锈和变形。

2. 冬期施工时，做嵌缝和刮找平腻子时，环境温度应不低于5℃。

四、施工准备

（一）技术准备

编制轻钢骨架人造板隔墙工程施工方案，并对工人进行书面技术及安全交底。

（二）材料要求

1. 各类龙骨、配件和罩面板材料以及胶粘剂的材质均应符合现行国家标准和行业标准的规定。当装饰材料进场检验，发现不符合设计要求及室内环保污染控制规范的有关规定时，严禁使用。

人造板必须有游离甲醛含量或游离甲醛释放量检测报告。如人造板面积大于

500m² 时（民用建筑工程室内）应对不同产品分别进行复检。如使用水性胶粘剂必须有 TVOC 和甲醛检测报告。

（1）轻钢龙骨主件：沿顶龙骨、沿地龙骨、加强龙骨、竖向龙骨、横撑龙骨应符合设计要求和有关规定的标准。

（2）轻钢骨架配件：支撑卡、卡托、角托、连接件、固定件、护墙龙骨和压条等附件应符合设计要求。

（3）紧固材料：拉锚钉、膨胀螺栓、镀锌自攻螺钉、木螺钉和粘贴嵌缝材，应符合设计要求。

（4）罩面板应表面平整、边缘整齐、不应有污垢、裂纹、缺角、翘曲、起皮、色差、图案不完整的缺陷。胶合板、木质纤维板不应脱胶、变色和腐朽。

2. 填充隔声材料：玻璃棉、岩棉等应符合设计要求选用。

3. 通常隔墙使用的轻钢龙骨为 C 型隔墙龙骨，其中分为三个系列，经与轻质板材组合即可组成隔断墙体。C 型装配式龙骨系列：

（1）C50 系列可用于层高 3.5m 以下的隔墙。

（2）C75 系列可用于层高 3.5~6m 的隔墙。

（3）C100 系列可用于层高 6m 以上的隔墙。

4. 质量要求：见表 2-5~表 2-13。

纸面石膏板规格尺寸允许偏差（单位：mm）   表 2-5

项目	长度	宽度	厚度	
			9.5	≥12.0
尺寸偏差	0 -6	0 -5	±0.5	±0.6

注：板面应切成矩形，两对角线长度差应不大于 5mm。

纸面石膏板断裂荷载值   表 2-6

板材厚度（mm）	断裂荷载（N）	
	纵向	横向
9.5	360	140
12.0	500	180
15.0	650	220
18.0	900	270
21.0	950	320
25.0	1100	370

纸面石膏板单位面积重量值　　　　表 2 - 7

板材厚度（mm）	单位面积重量 kg/m²
9.5	9.5
12.0	12.0
15.0	15.0
18.0	18.0
21.0	21.0
25.0	25.0

人造板及其制品中甲醛释放实验方法及其限量值　　　表 2 - 8

产品名称	试验方法	限量值	使用范围	限量标志 b
中密度纤维板、高密度纤维板、刨花板、定向刨花板等	穿孔萃取法	≤9mg/100g	可直接用于室内	E1
		≤30mg/100g	必须饰面处理后可允许用于室内	E2
胶合板、装饰单板贴面胶合板、细木工板等	干燥器法	≤1.5mg/L	可直接用于室内	E1
		≤5.0/L	必须饰面处理后可允许用于室内	E2
饰面人造板（包括浸渍纸层压木质地板、实木复合地板、竹地板、浸渍胶膜纸饰面人造板等）	气候箱法	≤0.12mg/m³	可直接用于室内	E1
	干燥器法	≤1.5mg/L		

注：a. 仲裁时采用气候箱法。

　　b. E1 为可直接用于室内的人造板，E2 为必须饰面处理后允许用于室内的人造板。

轻钢龙骨断面规格尺寸允许偏差　　　表 2 - 9

项目			优等品	一等品	合格品
长度 L				+30 −10	
覆面龙骨 断面尺寸	尺寸 A	A≤30		±1.0	
		A>30		±1.5	
	尺寸 B		±0.3	±0.4	±0.5
其他龙骨 断面尺寸	尺寸 A		±0.3	±0.4	±0.5
	尺寸 B	B≤30		±1.0	
		B>30		±1.5	

轻钢龙骨侧面和地面的平直度（单位：mm/1000mm）　表 2 - 10

类别	品种	检测部位	优等品	一等品	合格品
墙体	横龙骨和竖龙骨	侧面	0.5	0.7	1.0
		底面	1.0	1.5	2.0
	贯通龙骨	侧面和底面			
吊顶	承载龙骨和覆面龙骨	侧面和底面			

轻钢龙骨角度允许偏差　表 2 - 11

成形角的最短边尺寸（mm）	优等品	一等品	合格品
10 ~ 18	±1°15′	±1°30′	±2°00′
>18	±1°00′	±1°15′	±1°30′

轻钢龙骨外观、表面质量（单位：g/m²）　表 2 - 12

缺陷种类	优等品	一等品	合格品
腐蚀、损坏、黑斑、麻点	不允许	无较严重腐蚀、损坏黑斑、麻点。面积不大于 1cm² 的黑斑每米长度内不多于 5 处	
项目	优等品	一等品	合格品
双面镀锌量	120	100	80

硅钙板的质量要求　表 2 - 13

序号	项目		单位	标准要求
1	外观质量与规格尺寸	长度	mm	2440 ± 5
		宽度	mm	1220 ± 4
		厚度	mm	6 ± 0.3
		厚度平均度	%	≤8
		平板边缘平直度	mm/m	≤2
		平板边缘垂直度	mm/m	≤3
		平板表面平整度	mm	≤3
		表面质量	—	平面应平整，不得有缺角、鼓泡和凹陷
2	物理力学	含水率	%	≤10
		密度	g/cm³	0.90 < D ≤ 1.20
		湿胀率	%	≤0.25

（三）主要机具

每班组主要机具配备一览表　　　　表2-14

序号	机械、设备名称	规格型号	定额功率或容量	数量	性能	工种	备注
1	电圆锯	5008B	1.4kW	1	良好	木工	按8~10人/班组计算
2	角磨机	9523NB	0.54kW	1	良好	木工	按8~10人/班组计算
3	电锤	TE—15	0.65kW	2	良好	木工	按8~10人/班组计算
4	手电钻	JIZ-ZD—10A	0.43kW	5	良好	木工	按8~10人/班组计算
5	电焊机	BX6—120	0.28kW	1	良好	木工	按8~10人/班组计算
6	切割机	JIG—SDG-350	1.25kW	1	良好	木工	按8~10人/班组计算
7	拉铆枪			2	良好	木工	按8~10人/班组计算
8	铝合金靠尺	2m		3	良好	木工	按8~10人/班组计算
9	水平尺	600mm		4	良好	木工	按8~10人/班组计算
10	扳手	活动扳手或六角扳手		8	良好	木工	按8~10人/班组计算
11	卷尺	5m		8	良好	木工	按8~10人/班组计算
12	线坠	0.5kg		4	良好	木工	按8~10人/班组计算
13	托线板	2mm		2	良好	木工	按8~10人/班组计算
14	胶钳			3	良好	木工	按8~10人/班组计算

1. 电动机具：电锯、镂锯、手电钻、冲击电锤、直流电焊机、切割机。

2. 手动工具：拉铆枪、手锯、钳子、锤、螺钉旋具、扳子、线坠、靠尺、钢尺、钢水平尺等。

（四）作业条件

1. 轻钢骨架隔断工程施工前，应先安排外装，安装罩面板应待屋面、顶棚和墙体抹灰完成后进行。基底含水率已达到装饰要求，一般应小于8%~12%，并经有关单位、部门验收合格。办理完工种交接手续。如设计有地枕时，地枕应达到设计强度后方可在上面进行隔墙龙骨安装。

2. 安装各种系统的管、线盒弹线及其他准备工作已到位。

五、质量控制要点

（一）材料的关键要求

1. 各类龙骨、配件和罩面板材料以及胶粘剂的材质均应符合现行国家标准和行业标准的规定。

2. 人造板必须有游离甲醛含量或游离甲醛释放量检测报告。

（二）技术关键要求

弹线必须准确，经复验后方可进行下道工序。固定沿顶和沿地龙骨，各自交接后的龙骨，应保持平整垂直，安装牢固。

（三）质量关键要求

1. 上下槛与主体结构连接牢固，上下槛不允许断开，保证隔断的整体性。严禁隔断墙上连接件采用射钉固定在砖墙上。应采用预埋件或膨胀螺栓进行连接。上下槛必须与主体结构连接牢固。

2. 罩面板应经严格选材，表面应平整光洁。安装罩面板前应严格检查搁栅的垂直度和平整度。

（四）职业健康安全关键要求

1. 在使用电动工具时，用电应符合《施工现场临时用电安全技术规范》JCJ 46—88。

2. 在高空作业时，脚手架搭设应符合相关建筑工程施工安全操作规程。

3. 施工过程中防止粉尘污染应采取相应的防护措施。

4. 电、气焊的特殊工种，注意对施工人员健康劳动保护设备配备齐全，注意防火防爆。

（五）环境关键要求

1. 在施工过程中应符合《民用建筑工程室内环境污染控制规范》GB 50325—2001。

2. 在施工过程中应防止噪声污染，在施工场界噪声敏感区域宜选择使用低噪声的设备，也可以采取其他降低噪声的措施。

隔断骨架允许偏差   表 2 - 15

项次	项目	允许偏差（mm）	检验方法
1	立面垂直	3	用 2m 托线板检查
2	表面平整	2	用 2m 直尺和楔型塞尺检查

六、质量验收标准

（一）主控项目

1. 轻钢骨架和罩面板材质、品种、规格、式样应符合设计要求和施工规范的规定。人造板、粘结剂必须有游离甲醛含量或游离甲醛释放量及苯含量检测报告。

2. 轻钢龙骨架必须安装牢固，无松动，位置正确。

3. 罩面板无脱层、翘曲、折裂、缺楞掉角等缺陷，安装必须牢固。

（二）一般项目

1. 轻钢龙骨架应顺直，无弯曲、变形和劈裂。

2. 罩面板表面应平整、洁净，无污染、麻点、锤印，颜色一致。

3. 罩面板之间的缝隙或压条，宽窄应一致，整齐、平直、压条与板接缝严密。

4. 骨架隔墙面板安装的允许偏差见表 2－16。

骨架隔墙面板安装的允许偏差   表 2－16

项次	项目	允许偏差（mm）					检验方法
		纸面石膏板	埃特板	多层板	硅钙板	人造木板	
1	立面垂直度	3	3	2	3	2	用 2m 托线板检查
2	表面平整度	3	3	2	3	2	用 2m 靠尺和塞尺检查
3	阴阳角方正	2	2	2	2	2	用直角检测尺、塞尺检查
4	接缝直线度	—	—	—	—	2	拉 5m 线，不足 5m 拉通线用钢直尺检查
5	压条直线度	—	—	—	—	2	拉 5m 线，不足 5m 拉通线用钢直尺检查
6	接缝高低差	0.5	0.5	0.5	0.5	0.5	用钢直尺和塞尺检查

（三）成品保护

1. 隔墙轻钢骨架及罩面板安装时，应注意保护隔墙内装好的各种管线；

2. 施工部位已安装的门窗，已施工完的地面、墙面、窗台等应注意保护、防止损坏。

3. 轻钢骨架材料，特别是罩面板材料，在进场、存放、使用过程中应妥善管理，使其不变形、不受潮、不损坏、不污染。

（四）安全环保措施

1. 隔断工程的脚手架搭设应符合建筑施工安全标准。

2. 脚手架上搭设跳板应用钢丝绑扎固定，不得有探头板。

3. 工人操作应戴安全帽，注意防火。

4. 施工现场必须工完场清。设专人洒水、打扫，不能扬尘污染环境。

5. 有噪声的电动工具应在规定的作业时间内施工，防止噪声污染、扰民。

6. 机电器具必须安装触电保护装置。发现问题立即修理。

7. 遵守操作规程，非操作人员决不准乱动机具，以防伤人。

8. 现场保持良好通风，但不宜过堂风。

（五）质量记录

1. 应做好隐蔽工程记录，技术交底记录。

2. 轻钢龙骨、面板、胶等材料合格证，国家有关环保规范要求的检测报告。

3. 工程验收质量验评资料。

项目3　板材隔墙施工

板材隔墙是最常用的一种隔墙形式，常用的条板材料有：加气混凝土条板、石膏条板、石膏复合条板、石棉水泥板面层复合板、压型金属板面层复合板、泰柏板及各种面层的蜂窝板等。板材式隔墙的特点是不需要设置墙体龙骨骨架，采用高度等于室内净高的条形板材进行拼装。安装条板的方法，一般有上加楔和下加楔两种，通常采用下加楔比较多。下加楔的具体做法为：先在板顶和板侧浇水，满足其吸水性的要求，再在其上涂抹胶粘剂，使条板的顶面与平顶顶紧，下面用木楔从板底两侧打进，调整板的位置达到设计要求，最后用细石混凝土灌缝。

一、材料要求

1. 板材应表面平整、边缘整齐、不应有污垢、裂纹、缺角、翘曲、起皮、色差、图案不完整的缺陷。

2. 板材隔墙的品种、规格、性能、色彩等均应按设计要求选择，其材种应符合现行国家标准和行业标准的规定。产品应有质量合格证和性能检测报告。

3. 水泥：宜采用强度等级不低于 32.5 级的普通硅酸盐水泥。严禁不同品种、不同强度等级的水泥混用。

水泥进场应具备产品合格证和出厂检验报告，进场后应进行取样复验。水泥的凝结时间和安定性复验合格。当水泥出厂超过 3 个月，按复验结果使用。

4. 石膏：产品应有质量合格证和性能检测报告。

5. 其他：钉子、镀锌钢丝、膨胀螺栓等。

二、构造做法

（一）石膏复合板（单板）

石膏复合板（单板）隔墙墙体与梁或楼板连接，一般采用下楔法，即墙板下端垫木楔，填干硬性混凝土。隔墙下部构造，可根据工程需要做墙基或不做墙基，墙体和门框的固定，一般选用固定门框用复合板，钢木门框固定于预埋在复合板的木砖上，木砖的间距为500mm，可采用粘结和钉钉结合的固定方法。墙体中应尽量避免设电门、插座、穿墙管等，如必须设置时，则应采取相应的隔声构造。

（二）石膏空心条板隔墙

石膏空心条板一般用单层板作分室墙和隔墙，也可用双层空心条板，内设空气层或矿棉组成分户墙。单层石膏空心条板隔墙，也可用割开的石膏板条做骨架，板条宽为150mm，整个条板的厚度约为100mm，隔板的空心部位可穿电线，板面上固定开关及插销等，可按需要钻成小孔，塞粘圆木固定于上。石膏空心条板隔墙板与梁（板）的连接，一般采用下楔法，即下部与木楔楔紧后，灌填干硬性混凝土。其上部固定方法有两种：一种为软连接，另一种为直接顶在楼板或梁下。为施工方便较多采用后一种方法。墙板之间，墙板与顶板以及墙板侧边与柱、外墙等之间均用108胶水泥砂浆粘结。凡墙板宽度小于条板宽度时，可根据需要随意将条板锯开再拼装粘结。

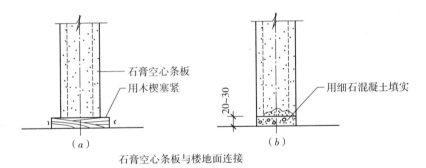

石膏空心条板与楼地面连接

图 2-8　板条隔墙与地面的连接

三、施工工艺

（一）工艺流程

1. 石膏复合板（单板）

弹隔墙定位线→墙基施工→安装复合板并立门窗→嵌缝

2. 石膏空心条板

弹隔墙定位线→立墙板→墙底缝隙处理→嵌缝

3. 泰柏板（金属夹板）

弹隔墙定位线→安装泰柏板→嵌缝→隔墙抹灰

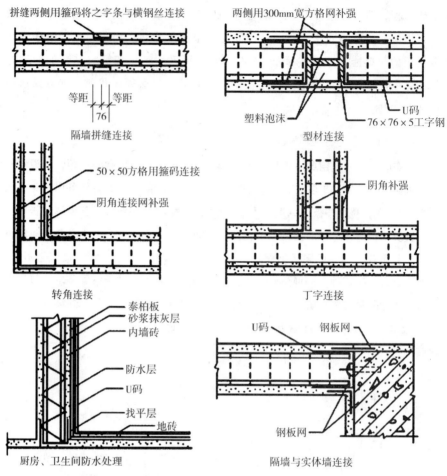

图2-9 泰柏板隔墙细部连接构造1

（二）操作工艺

1. 石膏板复合板（单板）

（1）弹线：按施工图在楼地面、墙顶和墙面上弹出水平线和竖向垂直线，以控制石膏板和门窗安装的位置和固定点。

（2）墙基施工：先对墙基处楼地面进行毛化处理，并用水浇湿润，然后做墙基。

（3）安装复合板并立门窗

1）首先，按隔墙及门窗口实际尺寸在地面上进行预排列；

2）其次，在板的顶面、侧面和板之间，均匀涂抹胶粘剂，将上下顶紧，侧面要严，接缝处胶粘剂要饱满，板下木楔可不取出，但不能露出墙外；

3）在检查第一块板的垂直度后，继续安装时，应上、下、横靠检查尺，并与板面找平。

4）有门窗处，应先安装门上及窗口上、下的短板，再顺序安装两侧的复合板，不够整板宽度时按实际墙宽补板；

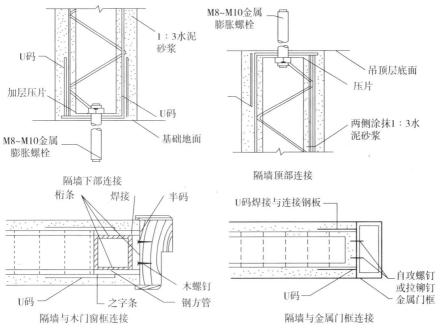

图 2-10　泰柏板隔墙细部连接构造 2

5）最后检查复合板与主体结构连接是否牢固。

（4）嵌缝：用水泥素浆胶粘剂嵌缝。

2. 石膏空心条板

（1）弹线：按施工图在楼地面、墙顶和墙面上弹出水平线和竖向垂直线，以控制石膏板和门窗安装的位置和固定点。

（2）立墙板：从门口通天框开始进行墙板安装，在板的顶面和侧面均匀涂抹水泥素浆胶粘剂，先推紧侧面，再将上部顶紧，板下各 1/3 处垫入木楔，并用靠尺检查垂直度和平整度。

（3）墙底缝隙处理：墙底缝隙塞混凝土。做踢脚线时，用 801 胶水泥浆刷至踢脚线部位，初凝后用水泥砂浆抹实压光。

（4）嵌缝：板缝用石膏腻子处理，嵌缝前先刷水湿润，再嵌抹腻子。

3. 泰柏板（金属夹板）

（1）弹线：按施工图在楼地面、墙顶和墙面上弹出水平线和竖向垂直线，以控制泰柏板和门窗安装的位置和固定点。

（2）安装泰柏板：在主体结构墙面中心线和边线上钻孔（Φ6 @500），压片，一侧用长度 350～400mmΦ6mm 钢筋码，钻孔打入墙内，泰柏板用钢筋码就位后，将另一侧钢筋码以同样的方法固定，两侧钢筋码与泰柏板横筋固定。在墙、顶和底中心线上上钻孔用膨胀螺栓固定 U 码，U 码与泰柏板连接。泰柏板间的立缝在拼缝两侧用箍码将之字条同横向钢丝连接。泰柏板与墙、顶和底的拐角处，应设加强角网，每边搭接长度不小于100mm。

（3）嵌缝：用水泥素浆胶粘剂嵌缝。

（4）隔墙抹灰：满钉钢丝网，用1:2.5水泥砂浆打底，抹实抹平；48h后用1:3水泥砂浆罩面、压光（总厚度20mm）。先抹隔墙的一面，48h后再抹另一面。

四、质量控制

（一）主控项目

1. 隔墙板材的材质、品种、规格、式样、色彩应符合设计要求和施工规范的规定。有特殊要求的工程，板材应有相应性能等级的检测报告。

检验方法：观察；检查产品合格证书和施工记录。

2. 安装隔墙板材所需预埋件、连接件的位置、数量及连接方法应符合设计要求。

检验方法：观察；尺量检查；检查隐蔽工程记录。

3. 隔墙板材安装必须牢固。现制钢丝网水泥隔墙与周边墙体的连接方法应符合设计要求，并应连接牢固。

检验方法：观察；手扳检查。

4. 隔墙板材所用接缝材料的品种及接缝方法应符合设计要求。

检验方法：观察；检查产品合格证书和施工记录。

（二）一般项目

1. 板材隔墙表面应平整光滑、色泽一致、洁净、无裂缝，接缝均匀、顺直。

检验方法：观察；手摸检查。

2. 隔墙板材安装应垂直、平整、位置正确，无裂缝和缺损。

检验方法：观察；尺量检查。

3. 隔墙上的孔洞、槽、盒位置正确，套割吻合，边缘整齐。

检验方法：观察；尺量检查。

4. 板材隔墙安装的允许偏差和检验方法见表2-17。

板材隔墙安装的允许偏差和检验方法　　　　　表2-17

项次	项目	允许偏差（mm）				检验方法
		复合轻质墙板		石膏空心板	钢丝网水泥板	
		金属夹芯板	其他复合板			
1	立面垂直度	2	3	3	3	用2m垂直检测尺检查

项次	项目	允许偏差（mm）				检验方法
		复合轻质墙板		石膏空心板	钢丝网水泥板	
		金属夹芯板	其他复合板			
2	表面平整度	2	3	3	3	用2m靠尺和楔形塞尺检查
3	阴、阳角方正	3	3	3	4	用直角检测尺检查
4	接缝高低差	1	2	2	3	用钢直尺和楔形塞尺检查

（三）应注意的质量问题

1. 弹线必须准确，经复验后方可进行下道工序。隔墙上、下基层应保持平整垂直，安装牢固。

2. 隔墙使用板材应符合防火要求。

3. 板材隔墙安装应符合设计和产品构造要求。

4. 安装板材隔墙的金属件应进行防腐处理。木楔应作防腐、防潮处理。

项目4 活动隔墙施工

一、常见活动隔墙（断）的类型

（一）移动式隔断

移动式隔断的特点是可以随意闭合或打开，在关闭时同隔墙一样能够限定空间、隔声和遮挡视线。这种形式的隔断有滑轮、导轨和隔扇组成。可分为悬吊导向式固定、支撑导向式固定。

1. 悬吊导向式固定

悬吊导向式固定方式，是在隔板的顶面安设滑轮，并与上部悬吊的轨道相连。

2. 支撑导向式固定

支撑导向式固定的滑轮是装于隔板的底面的下端，与楼地面的轨道共同构成下部支撑点，起支撑隔板重量并保证隔板移动与转动的作用。

（二）硬质折叠式隔断

1. 单面硬质折叠式隔断

这种隔断的隔扇上部滑轮可以设在顶面的一端，也可以设在顶面的中央。

图 2-11 移动式隔断

2. 硬质折叠式隔断

这种隔断可以有框架或无框架。有框架就是在双面隔断的中间设置若干个立柱，在立柱之间设置一排金属伸缩架。

3. 帷幕式隔断

帷幕式隔断可分隔室内空间，既可少占使用面积，又能满足遮挡视线的要求。

二、材料要求

（一）活动隔墙板：品种、规格应符合设计要求（现场制作或外加工）。隔墙板的木材含水率不大于 12%（人造木板含水率 8% ~ 10%）；人造板的甲醛含量应符合现行国家标准《室内装饰装修材料人造板及其制品中甲醛释放限量》GB 18580 的规定。隔墙板燃烧性能等级应符合现行国家标准《建筑内部装修设计防火规范》GB 50222 的规定。

（二）轨道及五金配件：上、下轨道、滑轮组件及其配件应符合设计要求。

（三）辅助材料：焊条应有产品合格证；胶粘剂、防火和防腐涂料应有产品合格证及环保检测报告。

三、施工工艺

（一）工艺流程

弹线定位→轨道固定件安装→预制隔扇→安装轨道→安装活动隔扇→饰面装饰

（二）操作工艺

1. 弹线定位

根据施工图，在室内地面放出活动隔墙的位置控制线，并将隔墙位置线引至侧墙及顶板。弹线时应弹出固定件的安装位置线。

2. 轨道固定件安装

按设计要求选择轨道固定件。安装轨道前要考虑墙面、地面、顶棚的收口做法并方便活动隔墙的安装，通过计算活动隔墙的重量，确定轨道所承受的荷载和预埋件的规格、固定方式等。轨道的预埋件安装要牢固，轨道与主体结构之间应固定牢固，所有金属件应作防锈处理。

3. 预制隔扇

（1）首先根据设计图纸结合现场实际测量的尺寸，确定活动隔墙的净尺寸。再根据轨道的安装方式、活动隔墙的净尺寸和设计分格要求，计算确定活动隔墙每一块隔扇的尺寸，最后绘制出大样图委托加工。由于活动隔墙是活动的墙体，要求每块隔扇都应像装饰门一样美观、精细，应在专业厂家进行预制加工，通过加工制作和试拼装来保证产品的质量。预制好的隔扇出厂前，为防止开裂、变形，应涂刷一道底漆或生桐油。若现场加工，隔扇制作主要工序是：配料、截料、刨料、画线凿眼、倒楞、裁口、开棒、断肩、组装、加模净面、刷底油。饰面在活动隔墙安装后进行。

（2）活动隔墙的高度较高时，隔扇可以采用铝合金或型钢等金属骨架，防止由于高度过大引起变形。

（3）有隔声要求的活动隔墙，在委托专业厂家加工时，应提出隔声要求。不但保证隔扇本身的隔声性能，而且还要保证隔扇四周缝隙也能密闭隔声。一般做法是在每块隔扇上安装一套可以伸出的活动密封片，在活动隔墙展开后，把活动密封片伸出，将隔扇与轨道、隔扇与地面、隔扇与隔扇、隔扇与边框之间的缝隙密封严密，起到完全隔声的效果。

4. 安装轨道

（1）悬吊式轨道：悬吊导向的固定方式是在隔扇顶面安装滑轮，并与上部悬吊的轨道相连。轨道、滑轮应根据承载重量的大小选用。轻型活动隔墙，轨道用木螺钉或对拧螺钉固定在沿顶木框或钢框上。重型活动隔墙，轨道用对拧螺钉或焊接固定在型钢骨架上。根据隔扇的安装要求，在地面设置导向轨道。

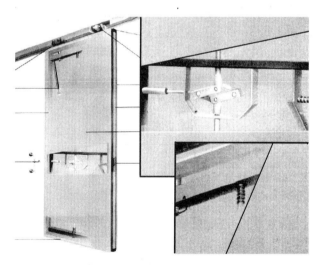

图2-12 活动隔扇和导轨

（2）支承式轨道：支承导向的固定方式是滑轮安装在隔板下部，与地面轨道构成下部支承点。轨道用膨胀螺栓或与轨道预埋件固定，并在沿顶木框上安装导向轨。

（3）安装轨道时应根据轨道的具体情况，提前安装好滑轮或轨道预留开口（一般在靠墙边1/2隔扇附近）。地面支承式轨道和地面导向轨道安装时，必须认真调整、检查，确保轨道顶面与完成后的地面面层表面平齐。

5. 安装活动隔扇

根据安装方式，在每块隔扇上准确划出滑轮安装位置线，然后将滑轮的固定架用螺钉固定在隔扇的上梃或下梃上。再把隔扇逐块装入轨道，调整各块隔扇，使其垂直于地面，且推拉转动灵活，最后进行各扇之间的连接固定。通常情况了相邻隔扇之间用铰链连接。

6. 饰面

根据设计要求进行饰面。一般采用软包、被糊、镶装实木板、贴饰面板、镶玻璃等。饰面做好后，根据需要进油漆涂饰或收边。饰面装饰施工按相应的工艺标准要求进行。

（三）季节性施工

1. 冬期施工时，作业房间应封闭，且环境温度保持在5℃以上。

2. 雨期施工时，施工区域的门窗应封闭，木制品刷一道底油。

四、质量控制

（一）主控项目

1. 活动隔墙隔断所用墙板、配件等材料的材质、品种、规格、性能和木材的含水率应符合设计要求。有阻燃、防潮等特性要求的工程，材料应有相应性能等级的检测报告。

检验方法：观察；检查产品合格证书、进场验收记录、性能检测报告和复验报告。

2. 活动隔墙隔断轨道必须与基体结构连接牢固，并应位置正确。

检验方法：尺量检查或手扳检查。

3. 活动隔墙隔断用于组装、推拉和制动的构配件必须安装牢固、位置正确，推拉必须安全、平稳、灵活。

检验方法：尺量检查；手扳检查和推拉检查。

4. 活动隔墙隔断制作方法、组合方式应符合设计要求。

检验方法：观察。

（二）一般项目

1. 活动隔墙隔断表面应色泽一致，平整光滑，接缝严密、洁净，线条应顺直、清晰，棱角方正，颜色一致，无划痕、无污染。

检验方法：观察；手摸检查。

2. 活动隔墙隔断上的孔洞、槽、盒应位置正确，套割吻合，边缘整齐。

检验方法：观察；尺量检查。

3. 活动隔墙隔断推拉应无噪声。

检验方法：推拉检查。

4. 活动隔墙隔断制作平直、方正、光滑、拐角交接严密、花纹清晰、洁净美观。

检验方法：观察；尺量检查；手摸检查。

5. 隔墙隔断的五金配件安装位置正确、牢固、尺寸一致、开关灵活。

检验方法：观察；手扳检查；推拉检查。

6. 悬吊式和支承式隔墙轨道水平顺直，滑轮灵活、推拉轻便。折叠后的隔墙各脚着地无悬空，折叠灵活、轻便，隔墙面平整，缝隙严密，边缘处理整洁。

检验方法：观察；手扳检查；推拉检查。

7. 活动隔墙隔断安装的允许偏差和检验方法见表 2 – 18。

活动隔墙隔断安装的允许偏差和检验方法　　　表 2 – 18

项次	项目	允许偏差（mm）	检验方法
1	立面垂直度	3	用 2m 垂直检测尺检查
2	表面平整度	2	用 2m 靠尺和塞尺检查
3	接缝直线度	3	拉 5m 线，不足 5m 拉通线，用钢直尺检查
4	接缝高低差	2	用钢直尺和楔形塞尺检查
5	接缝宽度	2	用钢直尺检查

（三）应注意的质量问题

1. 导轨安装时应水平、顺直，无倾斜、扭曲变形。所用五金配件应坚固灵活，防止隔墙推拉不灵活。

2. 活动隔墙安装过程中，应与墙、顶、地面层施工密切配合，采取构造做法和固定方法，防止轨道与周围装饰面层间产生裂缝。

3. 严格控制制作隔墙的木料含水率不大于 12%，并在存放、安装过程中妥善管理，防止隔墙翘曲变形。

4. 活动隔墙与结构连接的预埋件、木框、钢框、型钢骨架、金属连接件应作防腐处理。木骨架、木框等隐蔽木作应作防火、防腐处理。使用的防腐剂和防火剂应符合相关规定的要求。

复习思考题

1. 木骨架隔墙的施工工艺是什么？

2. 金属骨架隔墙的施工工艺是什么？

3. 板条隔墙的施工工艺是什么？

4. 活动隔墙的常见类型有哪些？

学习情境 3

有水房间分隔施工

有水房间的隔墙、隔断要求防水防潮，施工最常见的有：金属骨架隔墙，金属及混凝土等板材隔墙，砌块隔墙等。前一章节已经介绍过的金属骨架隔墙等重复部分不再赘述，本章主要介绍砌块隔墙，部分板材隔墙的设计要点、构造要求及工艺流程。

项目1 玻璃砖隔墙、隔断施工

普通黏土砖、空心砖、加气混凝土砌块、玻璃砖等块材都可以用来砌筑隔墙、隔断。这里首先讲述装饰效果较好的玻璃砖隔墙。普通黏土砖隔墙砌筑方法同土建施工方法，具体工艺参考砌筑工程相关专业书籍，本书不再赘述。

一、材料要求

（一）玻璃砖

玻璃砖又称为特厚玻璃，分为实心玻璃砖和空心玻璃砖两类。在建筑装饰工程中常用的是空心玻璃砖。空心玻璃砖又称为玻璃透明花砖，是由两块凹形玻璃熔接或胶结成具有一个或多个空腔的玻璃制品，空腔中充以干燥空气。其外观形状是扁方体空心的玻璃半透明体，在它的表面或内部刻有花纹，不仅可提供自然采光，而且兼有隔热、隔声的作用，保温效果好，多用于装饰性项目或者有保温要求的透光造型之中。玻璃砖常用的规格有三种：190mm × 190mm × 80mm、240mm × 115mm × 80mm 和 240mm × 240mm × 80mm。

（二）金属辅材

铝合金型材、不锈钢板、型钢（角钢、槽钢等）及轻型薄壁槽钢、支撑吊架等金属材料和配套材料，应符合设计要求，并有出厂合格证。

空心玻璃砖及其装饰效果

图 3-1 玻璃砖隔墙

（三）其他辅助材料

膨胀螺栓、玻璃支撑垫块、橡胶配件、金属配件、结构密封胶、玻璃胶、嵌缝条等应有出厂合格证，结构密封胶、玻璃胶应有环保检测报告。

二、施工方法

空心玻璃砖墙的施工方法，基本上可以分为砌筑法和胶筑法两种。

（一）砌筑法施工

砌筑法是将空心玻璃砖用1:1的白水泥石英彩砂浆与加固钢筋砌筑成空心玻璃砖墙（或隔断）的一种构造做法。

1. 施工工艺

空心玻璃砖墙砌筑法施工比较复杂，其主要施工工艺流程为：基层处理→砌结合层→浇筑勒脚→安装固定件→砌筑玻璃砖→砖缝勾缝→封口与收边→清理表面

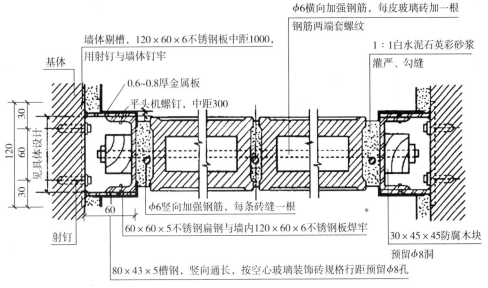

砌筑法节点示意图1

图3-2 玻璃砖隔墙砌筑法节点图1

（1）基层处理

在要砌筑空心玻璃砖墙之处，将所有的会场内、垃圾、油污等清理干净，并洒水洗刷，以便于玻璃砖与基层粘结牢固。

（2）砌结合层

在基层清理完毕后，涂上一道配合比为1:1的素水泥浆结合层，每边应比勒脚宽度宽出150mm。

49

（3）浇筑勒脚

先剔槽做埋件，在楼（地）面上剔槽，用射钉将120mm×60mm×6mm的不锈钢板钉于槽内。间距1000mm用60mm×h×5mm不锈钢扁钢（两块）与以上钢板焊牢，每边焊上一块，供固定槽钢之用。h为扁钢的高度，由具体设计而确定。待以上工序完成后，浇筑混凝土勒脚，勒脚的高度及混凝土的强度等，按工程设计要求确定。

空心玻璃装饰砖墙的高度，如果与所用空心玻璃装饰砖的皮数、尺寸、砖缝等有差别时，可以用勒脚加高或降低来进行调整。

（4）玻璃砖选择

根据具体的设计要求和其所处的环境，认真进行空心玻璃装饰砖规格尺寸、花色图案的选择，并在施工现场进行干砌试摆检验设计效果。如果对所选择的空心玻

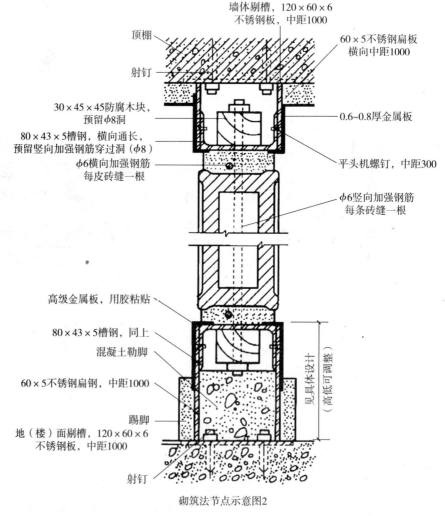

砌筑法节点示意图2

图3-3 玻璃砖隔墙砌筑法节点图2

璃装饰砖确定后，应将空心玻璃装饰砖墙面按施工大样图排列编号，并再次在施工现场进行试拼，在试拼中要特别注意砖缝宽度及加强钢筋等，校正四边尺寸是否正确，是否与具体设计尺寸相吻合，分析在施工中会出现的砖的模数配套问题。

（5）安装固定件

在空心玻璃装饰砖墙两侧原有砖墙或混凝土墙上剔槽，槽的规格为长 120mm 宽 60mm 深为 6mm，在竖向每隔 1000mm 距离剔一个。槽剔完毕后要清理干净，将 120mm ×60mm ×6mm 不锈钢扁钢放入槽内，用两个射钉将该钢板与墙体钉牢，在每块 60mm ×60mm ×5mm 不锈钢与该板焊牢，使之形成一个"卡"形固定件，用以固定槽钢。

（6）砌筑玻璃砖

在砌筑空心玻璃砖之前先安装槽钢，即将上下左右的 80 槽钢——安装就位，并用平头机螺钉将槽钢与 60mm ×60mm ×5mm 不锈钢扁钢拧牢，每块扁钢上一般拧 4 个平头机螺钉。然后用配合比为 1∶1 的白水泥石英彩砂浆砌筑空心玻璃砖。砌筑时每砌一皮空心玻璃砖，在横向砖缝内加配一根直径为 6mm 的横向加强钢筋；整个空心玻璃砖每条竖向砖缝内，也加配一根直径为 6mm 的竖向钢筋。钢筋应拉紧，两端与槽钢用螺钉固定。每砌完一层，须用湿布将空心玻璃砖面上所沾的水泥彩砂浆擦拭干净。

（7）砖缝勾缝

空心玻璃砖墙砌筑完毕后，应清理表面、整理缝隙准备进行勾缝。勾缝大小、造型（凸缝、凹缝、平缝、其他缝）、颜色等，均应按照具体设计进行。勾缝时应先勾水平缝，再勾竖直缝，缝应平滑顺直、颜色相同、深度一致。

（8）封口与收边

空心玻璃装饰砖墙的封口与收边，是关系到装饰效果的工序。即用 0.6 ~ 0.8mm 厚的高级金属板或木线饰条，对空心玻璃装饰砖墙进行封口与收边处理。所有封口与收边材料均粘贴于扁钢之上，使之与扁钢取平，然后再粘贴饰条。当空心玻璃装饰砖墙位于洞口内，且四周用灰缝封口、收边时，横竖向加强钢筋锚固方法变更，不锈钢扁钢及槽钢均予取消，玻璃砖墙四周封口、收边用 1∶1 白水泥石英彩砂浆勾缝，其他施工相同。

（9）清理表面

当空心玻璃装饰砖墙砌完后，应用棉丝将玻璃砖墙表面擦拭干净，并对墙身平整度、垂直度等进行检查。如有不符合有关规范规定之处，应按规范要求修正补救。

2. 施工注意事项

（1）加配的直径 6mm 的钢筋在安装前，须将两端先行套好螺纹。

（2）配制的 1∶1 白水泥石英彩砂浆，其稠度一定要适宜，过稀过干均不得使用。

（3）所有用的加强钢筋、钢板及槽钢等，凡不是不锈钢者，均应当进行防锈处理。

（4）硬木线脚封边饰条的规格及线脚形式等，均必须按照具体设计进行施工。

（5）空心玻璃装饰砖墙不能承受任何垂直方向的荷载，设计、施工时应特别注意。

（6）凡砖墙射钉处，均须在墙内预砌C20细石混凝土预制块一块（规格见具体设计）。如预砌细石混凝土块有困难时，应将射钉改为不锈钢膨胀螺栓。

（7）选空心玻璃砖时，凡有缺棱、掉角、裂纹、碰伤、色差较大、图案模糊、四角不方者，应一律剔除，并运离工地，以免与好砖混淆。

（8）玻璃砖墙宜以1.5m高为一个施工段，待下部施工段胶结材料达到设计强度后再进行上部施工。

（二）胶筑法施工

胶筑法是将空心玻璃装饰砖用胶粘接成空心玻璃砖墙（或隔断）的一种新型构造做法。

1. 安装四周固定件

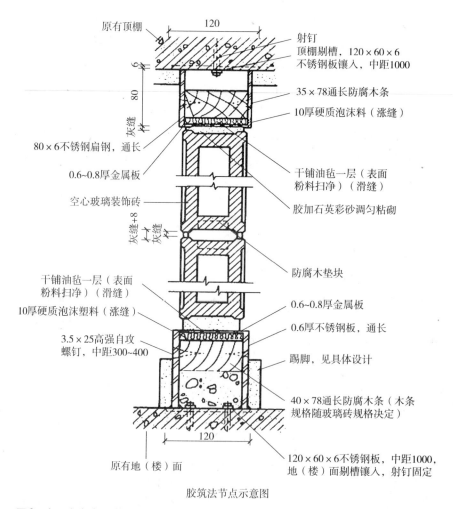

胶筑法节点示意图

图3-4 玻璃砖隔墙胶筑法节点图

（1）将玻璃砖墙两侧原有砖墙或钢筋混凝土墙剔槽，槽剔完毕清理干净，将120mm×60mm×6mm不锈钢板放入槽内，用射钉与墙体钉牢。

（2）在每块120mm×60mm×6mm不锈钢板上，将80mm×6mm通长不锈钢扁钢与该板焊牢，使之形成固定件，供固定防腐木条及硬质泡沫塑料（胀缝）之用。

2. 安装防腐木条及胀缝、滑缝材料

（1）将四周通长防腐木条用高强自攻螺钉与固定件上的不锈钢扁钢钉牢（扁钢先钻孔），自攻螺钉中距300～400mm，胶点涂于防腐木条顶面（即与硬质泡沫塑料粘贴之面），沿木条两边每隔1000mm点涂20mm胶点一个，边涂边将10mm厚硬质泡沫塑料粘于木条之上，供作玻璃砖墙胀缝之用。

（2）在硬质泡沫塑料之上，干铺一层防潮层，供作玻璃砖墙滑缝之用。

3. 胶筑空心玻璃装饰砖墙墙体

（1）在空心玻璃装饰砖墙勒脚上皮防潮层上涂石英彩色砂浆（彩色砂浆中掺入胶胶拌匀）一道，厚度、胶砂配合比及彩砂颜色等均由具体设计决定，边涂边砌空心玻璃砖。

（2）第一皮空心玻璃装饰砖墙砌毕，经检查合格无误后，再砌第二皮及以上各皮空心玻璃砖。每皮空心玻璃砖砌前须先安装防腐木垫块（用胶合板制作）使之卡于上下皮玻璃砖凹槽以内，木垫块宽度等于空心玻璃砖厚减15～20mm。木垫块顶面、底面及与空心玻璃砖凹槽接触面上，均应满涂胶一道，每块玻璃砖上应放木垫块2～3块，边放边砌上皮玻璃砖。如此继续由下向上一皮一皮地进行胶粘砌筑，直至砌至顶部为止。

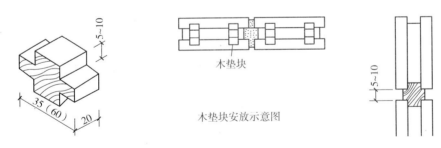

木垫块

木垫块安放示意图

图3-5 垫块安放示意图

（3）空心玻璃砖装饰墙四周（包括墙的两侧、顶棚底、勒脚上皮等处）均需增加φ6加强钢筋两根，每隔3条直砖缝，加竖向φ6加强钢筋一根，钢筋两端套螺纹。

其他工序与砌筑法相同。

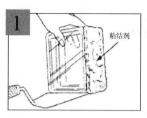
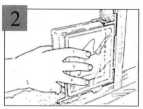
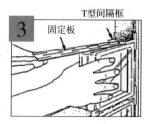
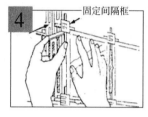

胶筑法安装玻璃砖墙工艺示意图

图3-6　胶筑法施工示意图

三、质量控制标准

（一）主控项目

1. 所用材料的品种、规格、性能、图案和颜色应符合设计要求。玻璃板隔墙隔断应使用安全玻璃。

检验方法：观察；检查产品合格证书、进场验收记录和性能检测报告。

2. 玻璃隔墙隔断的安装方法应符合设计要求。

检验方法：观察。

3. 玻璃隔墙隔断的安装必须牢固。玻璃板隔墙隔断胶垫的安装应正确。

检验方法：观察；手推检查；检查施工记录。

4. 预埋件、连接件或镶嵌玻璃的金属槽口埋入部分应进行防腐处理。

检验方法：观察；尺量检查；检查隐蔽工程验收记录。

（二）一般项目

1. 玻璃隔墙隔断表面应色泽一致、平整洁净、清晰美观。

检验方法：观察。

2. 玻璃隔墙隔断接缝应横平竖直，玻璃无裂痕、缺损和划痕。

检验方法：观察。

3. 玻璃隔墙隔断嵌缝应密实平整、均匀顺直、深浅一致、无气泡。

检验方法：观察。

4. 玻璃隔墙隔断安装的允许偏差和检验方法见表3-1。

项次	项目	允许偏差（mm）		检验方法
		玻璃砖	玻璃板	
1	立面垂直度	3	2	用2m垂直检测尺检查
2	表面平整度	3	—	用2m靠尺和楔形塞尺检查
3	阴、阳角方正	—	2	用直角检测尺检查
4	接缝直线度	—	2	拉5m线，不足5m拉通线，用钢直尺检查
5	接缝高低差	3	2	用钢直尺和楔形塞尺检查
6	接缝宽度		1	用钢直尺检查

玻璃隔墙隔断安装的允许偏差和检验方法　　　表 3-1

（三）应注意的质量问题

1. 弹线定位时应检查房间的方正、墙面的垂直度、地面的平整度及标高。玻璃板隔墙的节点做法应充分考虑墙面、吊顶、地面的饰面做法和厚度，以保证玻璃板隔墙安装后的观感质量和方正。

2. 框架安装前，应检查交界周边结构的垂直度和平整度，偏差较大时，应进行修补。框架应与结构连接牢固，四周与墙体接缝用发泡胶或其他弹性密封材料填充密实，确保不透气。

3. 采用吊挂式安装时，应对夹具逐个进行反复检查和调整，确保每个夹具的压持力一致，避免夹具松滑、玻璃倾斜，造成吊挂玻璃缝不一致。

4. 玻璃板隔墙打胶时，应由专业打胶人员进行操作，并严格要求，避免胶缝宽度不一致、不平滑。

5. 玻璃加工前，应按现场量测的实际尺寸，考虑留缝、安装及加垫等因素的影响后，计算出玻璃的尺寸。安装时检查每块玻璃的尺寸和玻璃边的直线度，边缘不直时，先磨边修整后再安装，安装过程中应将各块玻璃缝隙调整为一样宽，避免玻璃之间缝隙不一致。

项目2　玻璃板隔墙、隔断施工

一、工艺流程

（一）工艺

弹线定位→框材下料→安装框架、边框→安装玻璃→边框装饰→嵌缝打胶→清洁

（二）操作工艺

1. 弹线定位：首先，根据隔墙安装定位控制线在地面上弹出隔墙的位置线，然后，用垂直线法在墙、柱上弹出位置及高度线和沿顶位置线。有框玻璃板隔墙标出竖框间隔位置和固定点位置。

2. 框材下料：有框玻璃隔墙型材下料时，应先复核现场实际尺寸，有水平横挡时，每个竖框均应以底边为准，在竖框上划出横挡位置线和连接部位的安装尺寸线，以保证连接件安装位置准确和横挡在同一水平线上。下料应使用专用工具（型材切割机），保证切口光滑、整齐。

3. 安装框架、边框：组装铝合金玻璃隔墙的框架有两种方式。一是隔墙面较小时，先在平坦的地面上预制组装成形，然后再整体安装固定。二是隔墙面积较大时，则直接将隔墙的沿地、沿顶型材、靠墙及中间位置的竖向型材按控制线位置固定在墙、地、顶上。用第二种方法施工时，一般从隔墙框架的一端开始安装，先将靠墙的竖向型材与角铝固定，再将横向型材通过角铝件与竖向型材连接。角铝件安装方法为：先在角铝件上打出两个孔，孔径按设计要求确定，设计无要求时，按选用的螺钉孔径确定，一般不得小于3mm。孔中心距角铝件边缘10mm，然后用一小截型材（截面形状及尺寸与横向型材相同）放在竖向型材划线位置，将已钻孔的角铝件放入这一小截型材内，固定小截型材，固定位置准确后，用手电钻按角铝件上的孔位在竖向型材上打出相同的孔，并用自攻螺钉或拉钉将角铝件固定在竖向型材上。铝合金框架与墙、地面固定可通过铁件来完成。

当玻璃板隔断的框为型钢外包饰面板时，将边框型钢（角钢或薄壁槽钢）按已弹好的位置线进行试安装，检查无误后与预埋铁件或金属膨胀螺栓焊接牢固，再将框内分格型材与边框焊接。型钢材料在安装前应做好防腐处理，焊接后经检查合格，局部补做防腐处理。

当面积较大的玻璃隔墙采用吊挂式安装时，应先在结构梁或板下做出吊挂玻璃的支撑架，并安好吊挂玻璃的夹具及上框。夹具距玻璃两个侧边的距离为玻璃宽度的1/4（或根据设计要求）。上框的底面应与吊顶标高一致。

4. 安装玻璃

（1）玻璃就位：边框安装好后，先将槽口清理干净，并垫好防振橡胶垫块。安装时两侧人员同时用玻璃吸盘把玻璃吸牢，抬起玻璃，先将玻璃竖着插入上框槽口内，然后轻轻垂直落下，放入下框槽口内。如果是吊挂式安装，在将玻璃送入上框时，还应将玻璃放入夹具内。

（2）调整玻璃位置：先将靠墙（或柱）的玻璃就位，使其插入贴墙（柱）的边框槽口内，然后安装中间部位的玻璃。两块玻璃之间应按设计要求留缝，一般留2～3mm缝隙或留出与玻璃稳定器（玻璃肋）厚度相同的缝，因此玻璃下料时应考虑留缝尺寸。如果采用吊挂式安装，应逐块将玻璃夹紧、夹牢。对于有框玻璃隔墙，一般采用压条或槽口条在玻璃两侧压住玻璃，并用螺钉固定或卡在框架上。

5. 边框装饰：无竖框玻璃隔墙的边框一般情况下均嵌入墙、柱面和地面的饰面内，需按设计要求的节点做法精细施工。边框没有嵌入墙、柱或地面时，则按设计要求对边框进行装饰，一般饰面材料选用不锈钢板，然后进行下料、加工，将加工后的不锈钢内表面和饰面钢件的外表面清洁干净，最后将饰面板粘贴或卡在边框上，保证玻璃槽口尺寸，不锈钢表面平整、垂直、安装到位。

6. 嵌缝打胶：玻璃全部就位后，校正平整度、垂直度，用嵌条嵌入槽口内定位，然后打硅酮结构胶或玻璃胶。注胶时应从缝隙的一端开始，一只手握住注胶枪，均匀用力将胶挤出，另一只手托住注胶枪，顺着缝隙匀速移动，将胶均匀地注入缝隙中，用塑料片刮平玻璃胶，胶缝宽度应一致，表面平整，并清除溢到玻璃表面的残胶。玻璃板之间的缝隙注胶时，可以采用两面同时注胶的方式。

7. 清洁：玻璃板隔墙安装后，应将玻璃面和边框的胶迹、污痕等清洗干净。普通玻璃一般情况下可用清水清洗。如有油污，可用液体溶剂先将油污洗掉，然后再用清水擦洗。镀膜玻璃可用水清洗，污垢严重时，应先用中性液体洗涤剂或酒精等将污垢洗净，然后再用清水洗净。玻璃清洁时不能用质地太硬的清洁工具，也不能采用含有磨料或酸、碱性较强的洗涤剂。其他饰面用专用清洁剂清洗时，不要让专用清洁剂溅落到镀膜玻璃上。

（三）季节性施工

1. 雨期进行室外玻璃隔墙隔断安装时，应采取有效的防雨措施。

2. 冬期进行玻璃隔墙隔断安装时，环境温度必须保持在5℃以上。

二、质量控制要点

玻璃板隔墙质量控制要点同玻璃砖隔墙，不再赘述。

复习思考题

1. 砌筑类隔墙、隔断常用的材料有哪些？

2. 玻璃砖隔墙砌筑法的施工工艺是什么？

3. 玻璃砖隔墙胶筑法的施工工艺是什么？

参考文献

[1] 郭广林. 浅谈室内装修中空间的分隔设计. 中国新技术新产品. 2009, 6.

[2] 中国建筑工程总公司. 建筑装饰装修工程施工工艺标准. 北京：中国建筑工业出版社，2003.

[3] 陈卫华. 建筑装饰构造. 北京：中国建筑工业出版社，2000.

[4] 李必瑜，魏宏杨. 建筑构造. 北京：中国建筑工业出版社，2005.